Lost & Found
Reflections on Grief,
Gratitude, and Happiness

不惧失去，不负相遇

(Kathryn Schulz)
[美] 凯瑟琳·舒尔茨 著
吕颜婉倩 译

中信出版集团 | 北京

图书在版编目（CIP）数据

不惧失去，不负相遇/（美）凯瑟琳·舒尔茨著；吕颜婉倩译．--北京：中信出版社，2023.6
书名原文：Lost & Found
ISBN 978-7-5217-5530-5

Ⅰ．①不… Ⅱ．①凯…②吕… Ⅲ．①人生哲学－通俗读物 Ⅳ．① B821-49

中国国家版本馆 CIP 数据核字（2023）第 086018 号

Lost & Found by Kathryn Schulz
Copyright © 2022 by Kathryn Schulz
All rights reserved including the right of reproduction in whole or in part in any form.
This edition published by arrangement with Portfolio, an imprint of Penguin Publishing Group, a division of Penguin Random House LLC.
Simplified Chinese translation copyright © 2023 by CITIC Press Corporation
ALL RIGHTS RESERVED
本书仅限中国大陆地区发行销售

不惧失去，不负相遇
著者：[美]凯瑟琳·舒尔茨
译者：吕颜婉倩
出版发行：中信出版集团股份有限公司
（北京市朝阳区东三环北路 27 号嘉铭中心　邮编　100020）
承印者：北京世纪恒宇印刷有限公司

开本：880mm×1230mm 1/32　印张：7.5　字数：170 千字
版次：2023 年 6 月第 1 版　印次：2023 年 6 月第 1 次印刷
京权图字：01-2023-2032　书号：ISBN 978-7-5217-5530-5
定价：59.00 元

版权所有·侵权必究
如有印刷、装订问题，本公司负责调换。
服务热线：400-600-8099
投稿邮箱：author@citicpub.com

献给

已离我而去的父亲,

也献给

在茫茫人海中与我相遇的 C.

没有什么包罗万象,也没有什么主宰万物。连词"和"在句子间穿针引线。
——威廉·詹姆斯,《多元的宇宙》

目 录

IX 译者序
不计得失，向心而行

第一部分 失去

002 我"失去"了父亲

与其他间接谈论死亡的方式不同，"失去"这个说法看起来既不遮遮掩掩，也不空空荡荡。它直白、哀婉、孤独，恰似悲凉的底色。

006 丢失的物件

生命复杂、心智有限。我们之所以丢三落四，是因为你我皆凡人，因为金无足赤，也因为我们有物可失。

013 在失去中建立心理平衡

世界如此巨大、复杂且神秘，再大的东西都有可能丢失；反之，再小的地方也能让你迷失。

018 从犹太难民到劫后余生

父亲出身于一个笼罩在失去阴影下的家庭、文化或者历史时刻：失去知识和身份，失去金钱、资源和选择，国破家亡、流离失所。

022 **最艰难的失去 & 微不足道的失去**

灾难发生后,对微不足道和真正重要事物的强烈认知变成了为数不多不仅完好无损而且会被增强的东西之一,就好像灾难对道德和情感做出了全新的、清晰的定义。

028 **失物谷**

尽管失物谷充满魅力,但其核心却是一个忧郁的地方。心爱之物被流放到那里,我们自己也被它驱逐。

031 **看待疾病与衰老**

我讨厌看到父亲的衰弱和痛苦,并且担心眼前的一切只是终结的肇始。事实是只有死亡才能让父亲从痛苦中解脱,而这一刻终将到来。

038 **陪伴父亲的最后几周**

一天下午,我们没有继续试图拖住死神的脚步,而是把门打开,心平气和地等待它的到来。父亲不在了,我感觉既沉重又空虚,就像一个空空如也的保险柜。

046 **我不知所措**

连续几周,我艰难度日,在现实和想象的悲伤浪潮中翻滚。迷失方向、焦虑不安、受伤生病——我发现自己不知该何去何从。

051 **出门寻找父亲**

我不知道为什么父亲去世后我就再也感应不到他的存在。我花了那么长时间去寻找,却从未发现他的丝毫踪迹。

056 **悲伤反复无常**

也许一路走来,我的其他感受——焦虑、疲惫、易怒、乏力——只是次生现象,它们由被掩盖的悲伤引起,却更容易被人们获得。

063　悲伤褪去后

失去所爱之人是一种让人难以承受的体验。你告诉别人自己还扛得住,谢谢关心,然而表面上安然无事的你内心却在滴血。

067　来不及

无论你所爱之人何时离世,总有一连串的"来不及"。我们哀悼的当然不是过去,而是未来。

第二部分　遇见

072　发现陨石:一个真实的故事

他双手捧着的物体光滑冰冷、异常沉重,在寻常的泥土中显得格格不入。它与其坠落的无垠宇宙同样令人激动——他找到它了!

074　幸运感

"遇见"总是以两种形式出现。第一种是"复得":我们可以找回之前失去的东西。第二种是"发现":我们可以发现过去从未见过的东西。

078　陨石的来源

大约每两万年才有一块陨石坠落在地球的某一处。陨石坠落时,如果你碰巧就在附近,完全可以马上把它捡起来,不用担心被灼伤。

081　两种发现:寻找和碰运气

惊诧、感恩、好奇、敬畏:我们从偶然发现中获得的感觉,与受整个宇宙启发产生的感觉是一样的。因为生活给我们带来了一些意想不到、不曾索求、本不该拥有的美好事物。

084　刻意搜索：有意识地寻找

吸引我们注意的不仅是错误目标，有时候，我们甚至会在错误的搜索区域里完全迷失自我。

088　小心你正在寻找的东西

选择做正确的事情，你就会得到有时候连做梦都想不到的回报；可一旦选择失误，就有可能得不偿失。

090　我们究竟在寻找什么？

我们在黑暗中苦苦追寻的不只是一个被遗忘的名字，而是生活中许多最基本、最充实的部分。

095　意外跌入新世界

我们找到了幸运物：他把陨石放在了厨房里，放在燃木炉旁的灶台上面。

098　遇见真爱

追求爱情，不仅是如何寻找爱情，还包括怎样知道我们何时找到了爱情。

103　我找到她了

某种东西突然从我的内心迸发出来，就像一支熄灭的蜡烛重新被点燃了那样。

107　一见钟情

且不论这短暂的接触——初见一瞥、首次互动、头一回说话、第一次约会——究竟持续了多久，我们有时会以难以置信的速度意识到，就是他/她了！

V

113　开启新生活

爱是一种持续不断的发现。坠入爱河就意味着你处于一种渴望信息的状态中。

122　爱人之间的相似性和差异

如果你们真的关心同样的问题,那么能否取得一致的答案反而显得没那么重要。

127　向爱人展示童年的家

一段幸福的爱情,始于珍惜相似之处,终于在意不同之处。

137　C. 和父亲初次见面

我们遇到爱,能够认出爱,是因为对它的熟悉感。爱并非像柏拉图认为的那样来自前世,而是源于我们早年的生活体验。

143　分歧与争吵

如今,我们专注于眼前的实际问题,用自己的方式来解决它,即使不总是以滑稽而温和的方式,也至少是理智而迅速的。

152　搬家

在父亲的身体健康不断衰退的过程中,我学会了对尚未发生之事和过往发生之事同样心存感激。

161　有回报的爱

这就是有回报的爱的本质,当然也是所有情况中最幸运的一种:我们只希望获得已经拥有的东西。

第三部分 连接

165　**初次走进 C. 的家乡**

我找到了一个新的家，它居然和我的原生家庭一样美妙，这是我事先根本无法想象的。

172　**陨石和半岛**

大约 3000 年前，半岛才展露现在的形状，它像逗号一样蜷曲在美洲大陆的海岸线上。

176　**生活即是"和"**

世界既充满了美丽和伟大，同时也有不幸和痛苦；人上一百，形形色色，有善良的、有趣的、聪明的、勇敢的，也有小气的、恼人的、非常残忍的。

182　**求婚**

临终病榻、病房、她额上的一抹灰烬：我意识到，如果我能等到天下没有痛苦和悲伤的话，我愿意一直等下去。

187　**万物相连**

我们与他人的联系越紧密，就会感到越快乐。每一次坠入爱河既是对幸福的追求，也是一种对新连接的想象。

193　**婚礼**

我想把所有亲近的人都拉进我的快乐圈，与大家分享我俩之间牢不可摧的"和"关系。

201　矛盾是一种完整

人生总是事与愿违：你时而崩溃，时而复原；时而忙碌，时而无聊；时而可怕，时而荒诞；时而滑稽，时而振奋。

206　爱与悲伤密不可分

爱情最持久的问题，也是人生亘古不变的问题，就是我们该如何接受终将失去它的现实。

213　不只是连接，还是延续

我们是"和"，是事物延续的一部分，是连接现在和未来的纽带。我们是"瞭望者"，而非"守财奴"。

221　致　谢

译者序

不计得失，向心而行

"得与失"是普利策奖得主凯瑟琳·舒尔茨这本回忆录的主题，也是人生中的高频词汇。曾经有位前辈在和我分享经验时，用"有得有失"来概括自己近半个世纪的漫长职业生涯。他说："我36岁才去读博士，在得到的同时，也失去了不少。"

这句话从一位功成身退的长者口中说出，不免沾染了一抹睿智淡然的色彩。世人皆敬佩其丰功伟绩，却鲜有人关注这些辉煌成就背后凝聚的心血与汗水。他的寥寥数语，让向来狂飙突进、"只关注得，不考虑失"的我，开启了一段辩证性的思考之旅，却没料想我的许多困惑之处，竟然在本书中找到了答案。

常言道，得就是失、失就是得。若你能弄清楚"得与失"一体两面的本质，也就不难理解为什么在舒尔茨笔下，失去至亲与遇见爱人这两件大悲和大喜的事能够引发人们内心深处如此强烈的共鸣。这些隐秘的情感如同缓缓流淌的音符，在读者心灵的琴键上发出恒久不息的声响，即便是那些"于无声处"的伏笔，亦有震耳欲聋之功效。

舒尔茨在业内享有"当今时代最伟大作家之一"的美誉，她曾在《纽约客》上发表了一篇有关太平洋西北地区即将发生的大地震文章，并凭此获得了2016年的普利策特稿奖，开了普利策奖颁给杂志媒体的先河。

2022年年初，《不惧失去，不负相遇》原著一经出版，就迅速引起《纽约时报》《时尚》《洛杉矶时报》《科克斯书评》等美国各大主流媒体的关注，一时好评如潮。《波士顿环球报》用"卓尔不群、异常优美"来形容这本不可多得的回忆录，《芝加哥书评》评价作者"对自己的生活进行了深刻且惊人的挖掘"，《出版人周刊》盛赞"舒尔茨敏锐的观察力是一笔宝贵的财富"。

然而一切才刚刚拉开序幕。同年9月，该书从众多出版商提交的670本著作中脱颖而出，成为入围2022年美国国家图书奖非虚构类长名单的十部作品之一。"我敢用名誉担保，你一定会被《不惧失去，不负相遇》迷得神魂颠倒。"古根海姆奖得主、美国作家安妮·拉莫特如是说。《飞莺晚歌》(*Vesper Flights*)作者海伦·麦克唐纳欣赏《不惧失去，不负相遇》对爱与失去所做的探索性沉思，表示"阅读它令我感慨万千，哭笑由人论，着迷不知返。沉浸其中，世界仿佛焕然一新"。

舒尔茨在书中用娴熟高超的笔法与无比强大的定力打造出一座思

想之谷，于不动声色之间将人生的砥砺化作大气磅礴、催人泪下的倾诉，让读者在优美隽永、警醒克制的行文中照见最真实的自己。

创作第一回"失去"时，作者用深情的笔触记录下父亲的生平，及其在饱受十年疾病折磨后，平静地走向生命终点的全过程。舒尔茨由此感悟到"失去的核心及其贪婪的本质：它毫无区别地囊括了琐碎的小事与重大的结果、抽象的概念与具体的实物、暂时的错位与永久的逝去"。

越是骨肉相连，越是难以割舍；越是血浓于水，越是刻骨铭心。父亲的音容笑貌，宛在眼前，日常点滴总能轻易地唤起丧亲之痛，更别提作者需要在撰文的过程中一步一回首地重温往昔，艰难地从中打捞出那些珍藏许久的记忆。

徘徊将所爱，惜别在河梁。面对生死离别这门人生的必修课，舒尔茨理性地认为失去并非完全一无是处，"在目睹了如此多令人痛苦的失去后，我们会明白生活真正的重点，从而停止对其他无足轻重之物的担忧"。

虽然全书开篇笔调沉重，但第二回"遇见"却峰回路转地讲述了舒尔茨与伴侣 C. 有情人终成眷属的甜美爱情故事。作者从"如何找到爱人"这一问题出发，对"遇见的本质"进行了全面的考察："'遇见'总是以两种形式出现。第一种是'复得'，第二种是'发现'。"

事实上，35 岁还孑然一身的舒尔茨曾经认真考虑过此生找到真爱的可能性。在她看来，"爱情基本上就像陨石——一个不知道从哪里突然冒出来的东西；如果它碰巧在某时、某地真的被人发现了，那纯粹是因为我们运气好"。

这一次,她得到了幸运女神的眷顾。舒尔茨与 C. 一见钟情,再见倾心。两人从灼热浪漫的激情走向如胶似漆的亲密,最终在亲友的见证下对彼此许下熠熠生辉的庄重承诺。没有缘悭一面、擦肩而过,没有遇不逢时、爱而不得,有的只是自然而然、水到渠成的惊奇与欣喜。这完美地诠释了"爱情三元论"首倡者、著名心理学家罗伯特·斯腾伯格所描述的"圆满爱情"。

在第三回"连接"中,舒尔茨生动精彩地描述了切萨皮克湾的形成与演变,展露了一波"实力科普",要知道她在普利策获奖作品中也使用过类似的"绝活"。读罢,令人惊叹"不愧是舒尔茨!"。

沧海桑田,弹指一挥间。在浩瀚的宇宙星空里,每个人都是微不足道的渺小存在,可生而为人的独特之处恰恰在于我们具备思维和认知。由此及彼、连点成线,猫和老鼠、舒克和贝塔,《老人与海》《战争与和平》,我和你 / 心连心、可能从此以后 / 学会珍惜天长和地久……看看人类创造出的连词"和"吧,你会对它居然能在万事万物之间穿针引线而钦佩不已。

诚如舒尔茨所言,生活是一台永恒的"和"的机器,它可靠地让我们同时经历各种各样的事情。和而不同、美美与共,"没有人是与世隔绝的孤岛,每个人都是大地的一部分"(约翰·多恩,《紧急时刻的祷告》)。无论是个体生活还是集体社会,都在开放包容的互学互鉴中向前发展。

除了探讨得与失,本书也对与之相伴相生的爱和悲伤做了鞭辟入里的剖析："爱是你坠入爱河时所有感觉的总和，悲伤是你悲痛欲绝时的全部感受。"在此，舒尔茨再次提醒读者关注多元共存的各种体验："爱的确是一股清澈而永恒的溪流，但它也是情欲、温柔、钦佩和感激。悲伤是一次可怕的断裂，但在父亲去世后，我才意识到它也是忧虑、烦躁与怀念。"

人生百态，五味杂陈。或许，人人都在得失之间努力地寻找平衡点，只不过在全球受疫情影响的这几年里，生活方式悄然发生的改变，令大家很难看淡得失，放下执念。若你细细咀嚼"不惧失去，不负相遇"这句话，会发现其中蕴藏着一种强大的愿力——得失在于心，人生需自渡。所有的失去，都会以更好的方式归来。

老实说，翻译《不惧失去，不负相遇》充满了挑战。好在我们处于"万物互联"的智能时代，和作者取得联系也并非难事。在与舒尔茨邮件往来、邀请她答疑解惑的过程中，我能从字里行间感受到她的亲和、机敏和风趣。

至于本书主人公、舒尔茨的伴侣C.，她既是哈佛校友，也是罗德学者。我曾订阅《哈佛校报》多年，以忠实读者的身份给编辑部写过信，并且得到了对方热情的回应。不难想象，我在这份刊物上看到2006年C.因当选罗德学者而接受学校采访的新闻时，有多么惊讶，忍不住发出一声"原来你也在这里"的感慨！

作为一个追求高效的人，在用笔赶路的这四个月里，我却怎么都快不起来。这感觉好似每走过一页后，那些字句都粘在了身上，无论怎么用力都甩不掉。为了把话讲清楚，只能停下来耐心地将意思捋直理顺。同时，为了充分彰显作者话语中的光芒，我也必须全力以赴地用中文进行对等的呈现。

翻译没有捷径，只能在"以真心换取真心"的过程中，最大限度地贴近原著的"形意神"。这是一段虽然不知道"我的明天会不会变得更好"，但是仍然想要坚持到底的时光。我虽在挑灯夜战的孤寂、筋疲力尽的艰辛中失去几何，却又在醍醐灌顶的顿悟、自我怀疑与肯定的较劲中得到几多。不计得失，向心而行。最终我还是抱着一叠厚厚的书稿，痛哭流涕地冲向了截稿线。

将语言和文字化为表情达意的载体是我自幼时磨炼至今的"本能"，它带给我无穷无尽的乐趣。在有限与无限的边界旋转腾挪出微妙的写意空间，在笔力不济、意象断裂的尽头开辟出一条柳暗花明的路径，变不可能为可能，化可能为现实，身与物化，意到图成。这似乎是所有内容创作者永恒的宿命与追求，也是文学艺术令人无比着迷的魅力所在。

<u>吕颜婉倩</u>
<u>2022 年 12 月 1 日于上海浦东</u>

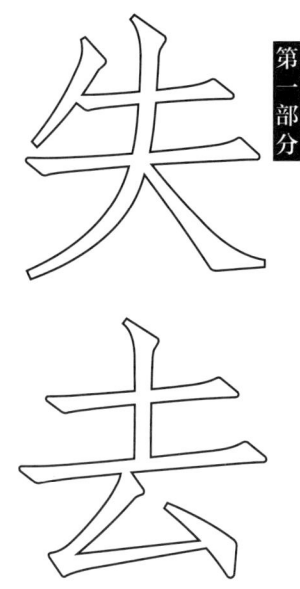

第一部分 失去

我感到悲伤在体内蔓延,它是一股完全狂野、不受控制的力量,像一头美洲狮或者一场风暴那样不被我的意志左右。

我"失去"了父亲

一直以来，我都对死亡的委婉说法抱有抵触情绪。"去世""返真""永远地离开了我们""已故"：尽管这样的语言充满了善意，却从未能带给我任何慰藉。出于得体，它摒弃了死亡令人震惊的直率；出于安慰，它选择了安全、熟悉，舍弃了美妙或者勾人回忆。对我来说，这一切都是逃避，好似一种语言上的"视线转移"。可因为死亡是如此不可避免——这是它最基本的特性，闪烁其词就成了一种误导。正如诗人罗伯特·洛威尔所写的那样："为什么不直说究竟发生了什么？"

然而，我的偏好因为父亲而破例。"我失去了父亲"：在他离世的第十天，我第一次听见自己使用了这样的表述。我在医院陪伴父亲缠绵病榻数周后，他走了。追悼会结束后，我再次回到家中，重新投入与离家前完全一样的生活。阳光明媚的日子里，一切井然有序。在悲痛的煎熬下，世俗义务令人疲惫不堪。我频繁地把手机夹在肩膀和下巴之间。我的父亲住过心脏监护病房，也被转移至重症监护室，最后他在临终关怀中心走完了自己的一生。在此期间，我接到了一连串语音信息，它们来自我就职的杂志社。电话通知我：如果再不修改密码，我的电子邮箱就会被锁定。提醒有规律地接踵而至：我的访问权限将在 10 天、9 天、8 天、7 天内到期。寻常与存在无休无止的纠缠令人震惊，就好像在一本残破不堪的旧书里，一页上的字已经粘到了另一页上。我根本没有心情解决密码的问题。后来我的确登录不上邮箱，也没法自己搞定它。所以，父亲去世后，我就一直在和客服打电话，向那人解释我为什么没能及时解决这个问题，尽管此举完全没有必要。

上周，我失去了父亲。也许是因为我尚处于哀悼初期扭曲失真的阶段，当曾经熟悉的世界变得如此陌生且难以接近，我从未像现在这样被这句话带来的陌生感所击中。显然，父亲既不像野餐时与大人走散的学步孩童，也不像在乱糟糟的办公室里消失得无影无踪的重要文件。然而，与其他间接谈论死亡的方式不同，"失去"这个说法看起来既不遮遮掩掩，也不空空荡荡。它直白、哀婉、孤独，恰似悲凉的底色。正如那天我在电话里第一次所说的那样，它可以为我所用，就像是人们使用的铲子或者拉铃索：冰冷、响亮，夹杂着绝望与无奈，精准地表达出丧亲之痛导致的混乱与悲哀。

后来，我特意查了一下，才发现自己对"失去"如此敏感的原因。我一直以为，如果说失去的对象是死者的话，这就是一种象征性的使用——被服丧之人据为己有后，其含义已远远超出了原有的范围。但事实证明并非如此。动词"失去"的词根是悲伤,它与"孤独"中的"孤寂"密切相关。它来自一个意为"湮灭"的古英语单词,该词的词源更加古老,寓意"分开"或者"割裂"。直到13世纪才出现现代意义上的"错放";此后一百年,"失去"又有了"失败"的含义。16世纪,我们开始失去理智;17世纪,我们迷失内心。换句话说,我们可能失去之物的圈子始于自己的生命,延展至身外之物,此后一直在稳步扩展。

这就是父亲去世后我对"失去"的感受:它是一股逐渐膨胀且范围日益扩大的力量,正在侵蚀我的生活。最后,由于我的脑海中不断涌现出其他所有随风而逝的东西,我干脆给它们列了一份清单。童年的玩具、儿时的伙伴、那只某天跑出门就再也没回来的猫咪、大学毕业时祖母写给我的信、一件破旧却合身的蓝格衬衫、一本记录了我五年青春的日记:清单越写越长,却像是一种"反收藏"的行为;这是一份令人悲伤的目录,上面记载了我失去的一切。

人人都有一份诸如此类的清单,它能迅速地显示出"失去"这一类别的奇特之处:它们是那么庞大、令人不适,内容上却鲜有共通之处。我初次思考这个问题时,很惊讶地意识到,某些失去其实是积极的。比如,我们可以失去自我意识和恐惧,虽然在荒野中迷失令人心惊胆战,但在思考、阅读或者交谈中"沉醉不知归路"却妙不可言。与人类经历的其他困难相比,这些堪称幸福的例外;从很大限度上来说,失去在精神上更接近于父亲的死亡,因为它们缩短了我们的生命。我们可能会弄丢信用卡、驾照、退货收据,也可能失去美名、毕生积蓄和养家糊口的工作，甚至可能失去信心、希望以及孩子的监护权。许多心碎的体验都属于这一类，因为在被动的分手或者离婚中，我们不仅要承受失去爱人的痛苦，还要忍受与熟悉的日常和珍视的未来挥手作别的失落。同样，严重的疾病和伤害也会导致我们失去包括基础体能和基本身份在内的一切。其中就涵盖了一些人类最私密的体验，小到准妈妈的意外流产，大到令人震惊的大型公共历史事件，比如战争、饥荒、恐怖行动、自然灾害、全球性流行病——所有可怕的集体悲剧为可能失去之物划定了最大的范围。

这就是失去的核心及其贪婪的本质：它毫无区别地囊括了琐碎的小事与重大的结果、抽象的概念与具体的实物、暂时的错位与永久的逝去。如果可以的话，我们经常会忽略它真实的范围，但在父亲去世后的一段时间里，世界不停地在我面前显露出它的真正面目，我目之所及皆是曾经拥有的证据和即将到来的失去。这并非因为他的死亡是一场悲剧——74 岁的他走得很平静，在生命最后的几周里，围绕在身边的都是他最深爱的人——而是因为他的死亡**不是**一场悲剧；让我震惊的是，如此悲伤的事情居然正是事物最稀松平常的状态。它造成的后果是：每个个体稍纵即逝的生命中都似乎包含了太多的心碎。一直以来，我对历史情有独钟，即使它沉默不语、神秘莫测。突然间，历史只不过是一场史诗级的关于失去的记录，尤其是关于某些事情，它根本无法提供任何记录。世间万物转瞬即逝，冰川、物种和自然生态系统都在消失，变化的节奏如同延时摄影般迅速，好似如今的我们可以用横眉冷对的永恒视角来静静地围观它。世间好物不坚牢，彩云易散琉璃脆；失去的念头笼罩在我周围，它像一种只在悲伤面前才现形的隐藏秩序。

但这种冷酷无情的消失并非生活的真相，它甚至也不是本书的全部。在父亲去世后的几周和几个月里，我翻来覆去地思考这件事，部分是因为很有必要理解所有失去之间的关系，部分是因为理解它们与我的关系似乎也同样重要。丢失的钱包、失去的珍宝、逝世的父亲、绝迹的物种，尽管它们各不相同，却和其他所有遗失的东西一起在突然间构成了生活的基本问题，并且以消失来反衬出"生活在此处"的急迫。

丢失的物件

父亲几乎对每件事都有想要急切说明的话。对他来说，世界充满了无穷无尽的乐趣，他乐于参与有关它的任何讨论：伊迪丝·华顿的小说、宇宙背景辐射的本质、棒球的内场高飞球规则、1947年《塔夫脱-哈特莱法案》造成的持续影响、在南美洲发现的一种新夜猴、酥皮苹果馅饼和烤苹果脆片的优点。从差不多能开口说话起，我和姐姐就加入了这样的交流，但对父亲而言，找到其他更多的参与者也绝非难事。一拉上其他人，父亲就拥有了中等行星般的引力。他声如洪钟、口音浓重、内心强大，有着犹太教拉比的胡子、圣诞老人的大肚子，以及维特鲁威人的手势；整体而言，一半是苏格拉底，一半是特维亚。

漂泊不定的童年造就了父亲南腔北调的口音，也赋予他在六种语言——意第绪语、波兰语、希伯来语、德语、法语和英语——之间无缝切换的能力。我后来感到遗憾的是，在他的耳濡目染之下，我和姐姐却只学会了英语，但他用心的传授在某种程度上弥补了这一点。法语教师出身的母亲亦是一位思路清晰的语法学家，是她教会了我该如何与语言打交道：怎么念出"摘要"（epitome）一词，何时使用虚拟语气，怎样区分关系代词 who 和 whom。然而，父亲教会了我该怎样轻松地"玩转"语言。由于自己通晓多种语言，他对语法规则持相对主义者的看法；确切地说，他从不违抗它们，却喜欢把一个短语弯曲到断裂点，然后再让它弹回原位，发出疯狂的回响。我从未遇到过任何一个人，能够在忙忙碌碌的生活中创造出如此令人惊讶的语句；也从没见过任何一个人，能够从说话中获得如此丰富的乐趣。当我表示怀疑"摘要"的音准时，他瞬间想出了一个令人难忘的记忆技巧："它和'你在开玩笑吧'押韵。"[1]

关于作家有一种陈词滥调的说法，说我们都来自不幸的家庭，所以选择向语言和故事寻求庇护，以此逃避痛苦或者舒散苦闷。这说的绝对不是我。我有一个幸福的家，在那里，语言和故事是一件人人共

---

[1] "epitome"看似应该读成"eh-puh-tome"，但实际发音却是"uh-pit-oh-me"，这与"你在开玩笑吧"（you gotta be kidding me）押韵。——译者注

享、无处不在的乐事。关于父亲，我最早的记忆可以追溯到有一天他突然出现在我玩耍的房间门口。尽管他只有1.67米高，但在我充满惊讶的目光中，他像个仁慈且令人激动的巨人。他一手拿着一本诺顿诗选，另一只手像梅林[1]一样在半空中挥舞着，口中同时吟诵着《忽必烈汗》。我同样清楚地记得，几年后他用激动人心的中古英语高声朗读《坎特伯雷故事集》的序言来逗我和姐姐开心。我母亲很早就放弃说服他别在睡觉前把我们搞得兴奋过头；每晚给我们朗读故事是他的职责，他完成任务的惯用伎俩包括夸张的手势、戏剧化的音调、抖动的膝盖，逗得坐在上面的我们颠跳不定，并产生一种对书本文字毫不在意的兴奋。在一些美好的夜晚，他完全抛开书本，给我们讲了一系列关于亚娜和埃格伯特的冒险故事，这对以身试险的兄妹来自鹿特丹，父亲之所以选择这个地方，是因为他知道那里的口音能把小女儿们逗乐。

尽管父亲的阅读能力比我强得多，可他却只将文学视为爱好，而非职业。经过专业的学习，他成了一名律师，偶尔也做做法学院的讲师；这两份工作都非常适合他，尤其是后者，因为他完美地塑造出一位心不在焉的教授形象。他记忆力超群、好奇心旺盛，并且拥有快速厘清各种问题的主要矛盾和细枝末节的能力，就像点币机那样三下五除二地把便士和25美分分门别类。十有八九，他出门都不带钱包，也搞不清楚自己究竟把车停在了哪里。他之所以会给人们留下这样的刻板印象，是因为这些缺陷似乎总是他非凡才智的结果，好像他能以

---

[1] 梅林是中世纪亚瑟王传说中的传奇魔法师，是亚瑟王的挚友兼导师。——编者注

某种方式引导我们凝神聚力，别把东西放错地方。然而，他对世界非同凡响的洞察力和令人惊叹的健忘——且不说这组奇怪和互相矛盾的品质之间是否有关联——都成为其性格中的两大关键特征。

在父亲容易丢失的诸多东西里，就有他自己。我在克利夫兰的郊区长大，一年中有好几次，家里人都会开车去匹兹堡看望我的外婆。从理论上讲，这段旅程只有两个小时，但在我 10 岁以前，每当父亲坐进驾驶座，宣称要抄近路时，我都会立刻警觉起来。在孩子们眼中，所有的汽车旅行都是没完没了的，它们也的确比实际所需的时间要长得多。父亲虽然生性温和，却也很顽固，他无法说服自己面对根本不知道该往哪里开的事实。我记得，我们向西而不是向东走了整整半个小时；还有一次，我们连续三次开到了同一个错误的高速公路出口。母亲本可以结束这一切，因为她的认路能力更强，但她也是一位忠诚、务实的伴侣。因此，除非时间紧迫，她只会选择温和地干预这些"失误"——父亲认为，这种情况很少发生，因为他既没有方向感，也没有时间感。

无论如何，从父亲找不到匹兹堡这件事上，你可以推断出，他处理小事情的能力的确无可救药。他亲昵地把母亲称作玛吉（这源自她的大名玛戈，其他人也都这样叫她），整个童年时期，我听到最多的一句话就是"玛吉，你有没有看到我的"：支票簿、眼镜、购物清单、陪审团出席信、咖啡杯、冬季大衣、另一只袜子、棒球比赛门票……一天里有好几次，找不着的新东西会成为上一个问题的终结者。无疑，他得到的回应总是："艾萨克，它在这里呢。"父亲是幸运的，母亲通常能看见丢失的物件，并且记得它在哪里，要是想不起来，她也有本事把它给找出来。与母亲卓越的导航能力相得益彰的是，她耐心十足，有条不紊，与周围的一切和谐自洽。

我继承了这些特质，但如今贵为麻省理工学院认知科学家的姐姐却没有。我们家四个人，尽管彼此高度相似，却在这一点上显得格外有别。在从过分痴迷有序到对日常物质世界极度漠不关心的范围内，我的父亲和姐姐实际上并不在其中；他们在俄亥俄州和宾夕法尼亚州的边界附近徘徊，仍然在寻找自我边界。与此同时，母亲和我正忙着按照颜色和大小来让一切井然有序。我至今仍然清楚地记得母亲曾经在克利夫兰美术馆试图把一个歪斜的相框调正的情景。与此形成鲜明对比的是，有一次，父亲在整个假期里都穿着两只不同的鞋子，因为他没把同款的另一只带上，并且直到他在机场脱鞋安检，才发现脚上穿的竟然不是同一双鞋。姐姐最拿手的航空旅行"绝活儿"包括：弄丢自己的电脑，借用同伴的电脑，然后在"9·11事件"发生后的那一周不小心把它丢在联合航空公司登机口，差点儿导致整个奥克兰机场关闭。正如父亲言传身教的那样，她也同样擅长更为低调的重复丢失的艺术：手机，每年丢一次；钱包，每季丢一次；钥匙，每月丢一次。成年后我唯一丢钱包的那次，居然想到去向姐姐抱怨，然后遭到了她无情的嘲笑，这可真是太失策了。"等车管局里的所有人都知道你大名的时候，你再给我打电话吧。"她说。

因为继承了母亲的特质，我总会不自觉地做一些不那么自然的事情，比如按照食品门类来整理储藏室，或者把64支蜡笔按照出厂顺序排好。这种一丝不苟的精神,虽然算不上是强迫症,却能在记录财物流向的时候派上大用场。如果不能把东西物归其位,我的心里就会痒得难受,这是我很少丢东西的原因之一。成年后,在两位直系亲属的衬托下,我身上这种井然有序的特点就更加明显了,这导致我坚信自己不是那种会轻易丢东西的人。

可是花费40分钟去寻找刚才还攥在手里的那张纸条,令我的自尊心严重受损。事实上,我们每个人都会丢东西。就像人终有一死一样,丢三落四也是人之常情:长久以来,我们都经常丢东西,以至《利未记》中规定:在找到他人失物一事上,严禁说谎。现代化只会让这个问题变得更糟。在发达国家,即使是收入微薄之人也能生活在极度富足的环境里,我们随时都有可能失去侥幸拥有的额外之物。科技更是加剧了这种境况,它不仅使我们长期心不在焉,而且提供了大量额外的易失物品。这种情况由来已久——遥控器至今仍是美国家庭中最常被放错地方的物品之一——随着数码产品越来越小巧,它们被弄丢的概率也变得越来越大。你不太可能丢台式机,却有可能丢笔记本电脑,丢手机是家常便饭,丢U盘更是太普遍了。然后别忘了,还有密码,密码之于电脑就像袜子之于洗衣机。

手机充电器、雨伞、耳环、围巾、护照、耳机、乐器、圣诞饰品、女儿实地考察旅行的知情同意书、三年前你小心翼翼保存起来并且知道自己早晚有一天用得上的那罐油漆:失物的范围和数量令人震惊。像我父亲这样的人丢失的东西可能是我母亲这样的人的十倍多,根据调查和保险公司的数据,平均而言,我们每人每天错放约9件物品——这意味着你 60 岁的时候，将丢失近 20 万件东西。当然，并非所有失去都是不可挽回的，但有一项的确无法挽回：你耗费在寻找东西上的时间。一生之中，你大约会花费 6 个月时间来寻找失物。在美国，这意味着所有人每天花在寻找上的时长共计 5400 万小时。再看看涉及的金钱损失：在美国，仅丢失手机一项每年造成的损失就有 300 亿美元。

关于我们为什么会丢东西有两种流行的解释：一种是科学的，另一种则源自精神分析。两者都差强人意。根据科学解释，丢东西相当于一种失败，有时是无法顺畅地回忆，有时是没法集中注意力：要么我们无法激活把失物放在哪里的那段记忆，要么从一开始就没有给它编码。精神分析的说法则恰恰相反：丢东西是一种成功，是我们潜意识的欲望对理性思维的巧妙破坏。在《日常生活的精神病理学》中，弗洛伊德描述了"由于隐藏且强大的动机而误放物品的无意识灵巧性"，包括"对丢失物品的轻视和怜悯，或者对它及其主人秘密的反感"。他的一位同事做了更加通俗易懂的解读："我们永远都不会丢失自己高度珍视的东西。"

从解释上看，科学说法更有说服力，却比较无趣。虽然它清楚地说明了为什么当我们筋疲力尽或者心烦意乱的时候更容易把东西放错地方，却没有阐明失去某物的真实感受，只是为如何避免这样做提供了最抽象和最不切实际的概念。（注意，调整基因或者改善环境也有助于提高记忆力。）相比之下，精神分析的解释有趣、耐人寻味且具有理论意义。（弗洛伊德指出，他认识的一些人，"一旦误放物品的动机消失",很快就能把它们重新找出来。)但是在绝大多数情况下,这种说法都很牵强。最仁慈的表述是,它严重地高估了人类这一物种:显然,如果没有潜意识的动机,我们永远都不会丢失任何东西。

这显然不对。但是,正如许多心理学观点所宣称的那样,实际上它是不可能证伪的。父亲丢了棒球比赛门票,也许是因为他对克利夫兰守护者长期糟糕的表现十分失望。姐姐经常丢钱包,也许是因为她对资本主义的不满根深蒂固。弗洛伊德支持这样的观点,并且毫无疑问,有些失去确实是由无意识的情绪引起的,或者至少可以在事后得到合理的解释。可经验告诉我们,这些情况都是特例。在大多数时候,更好的解释可能只是:生命复杂、心智有限。我们之所以丢三落四,是因为你我皆凡人,因为金无足赤,也因为我们有物可失。

在失去中建立心理平衡

父亲丢东西的能力与失去带给他的困扰呈反比。他经常丢东西,但每次面对新的失去,他通常都泰然自若,就好像那些身外之物都是暂时借来的,现在终于到了真正的主人决定回收它们的时刻。我想,如果另有一人拥有他那种丢东西的天赋,可能会发展出一种找到它们的代偿能力。但恰恰相反,父亲开发出的是能够欣然接受消失的代偿能力。

这是一种令人钦佩的态度——我认为，它接近诗人伊丽莎白·毕肖普所说的"失去的艺术"。这句话出自《一种艺术》，我一直对这首诗喜爱有加，它是所有诗歌中关于失去最著名的阐述之一。毕肖普在诗中表示，丢失钥匙和手表这样的小损失有助于我们迎接更加严重的损失——在这里，她指的是两座城池、一整块大陆，以及本诗所要献给的爱人。乍一看，这种说法似乎很可笑。丢了婚戒是一回事，失去妻子却完全是另外一回事，我们肯定不愿意将二者相提并论。毕肖普当然知道这一点，在诗歌的最后几行，当她想到无法挽回的爱人时，失去的艺术突然间从"不难掌握"变成了"不**太**难掌握"。"太"字是我加上的，但她的确也做出了让步，这极大地削弱了她的整体主张，让人很容易把这首诗解读为一种讽刺——直到最后才肯承认，失去所爱之人与失去其他所有东西完全不可同日而语。

然而，在最后几行诗中我们也能听出一些言外之意：不管你是否愿意承认，每个人都必须学会接受那些最为惨痛的失去。从这一点来说，毕肖普的诗歌非常真诚。它表明，如果我们能在日常的失去中建立起心理平衡，也许有朝一日，当我们失去更重要的东西时，也能保持同样的镇定。这种说法一点也不荒谬。所有的精神传统都建立在"不依恋"的观念上，建立在我们可以用接纳、平衡且优雅的态度面对最惨痛的失去这一信念上。

和许多宗教思想一样，这种观念在很大程度上也是大多数人梦寐以求的。在现实生活中，即使是微不足道的失去也会令许多人恼羞成怒。这并不是因为它们耗费了我们的时间和金钱。我们也为此付出了心理代价：任何失去，无论它有多么微小，都会在我们与自己、与他人或者与世界的关系中引发一场小小的危机。这些危机的缘由并不是"东西到底在哪"，或者说"到底在哪里才能找到丢失的物品"，而是由因果关系问题引发：谁或者什么令它消失。

大多数时候，答案正是我们自己。在失去的微型戏剧性事件里，我们既是施暴者也是受害者。这对我们的自我及其他各部分来说，都是不幸的。如果你知道自己是最后一个碰过孩子的橙色毛绒猩猩的人，却完全不记得对它做过什么，你会责怪自己记性不好，有时不仅担心记忆会立即失效，也担心它的可靠性。然而，确切知晓自己失去某样东西的原委，并不会带给你更多的安慰。比如，你怎么都找不到信用卡，一回头才意识到周末把它落在饭店里了。在最好的情况下，这样的失去让我们感觉自己很不负责任。在最糟的情况下，如果我们失去了一些宝贵的东西，就会感到由衷的痛苦。在几小时、几天甚至好几年的时间里，它们都会让我们将注意力集中到起初并不在意的地方：在事情发生的那一瞬，在生命中最无法被宽恕的时刻，在我们尚能避免事情发生的时候。

简而言之，经常性地丢失东西会让我们感觉自己很糟糕。因此，我们经常拒绝承担责任，转而去责怪他人。这完美地诠释了物品造成的问题是怎样演化成人的问题的：你发誓自己肯定把要丈夫去邮寄的账单留在了桌子上，而丈夫也同样信誓旦旦地表示它根本就不在那里；很快，你俩都开始大发雷霆。当周围没有其他适合指责的嫌疑人时，你甚至会指责失踪对象本身，消失是它以一己之力或者联合了各种神秘力量所造成的后果。这听起来很荒谬，但几乎所有人都曾在某些时候提出过类似的指控，因为我们都经受过不太可能发生的丢失：才穿的那件毛衣不知怎的就消失在 56 平方米的公寓里了；明明记得自己从邮箱里拿了一封信，可一转头就怎么都无法在厨房里找到它。鉴于我们在寻找诸如此类的失物上所耗费的海量时间，即使是最不迷信的人也会开始设想各种极不可能的罪魁祸首：妖精、外星人、虫洞、以太。

丢失东西时，人们选择召唤邪恶或者神秘的力量，是讲得通的。因为在这些时刻，人们感到世界仿佛并没有遵循其固有的规则。不管失去发生了多少次，我们对其令人惊讶和困惑的体验始终如一，好比事物在正常运行的过程中遭遇了断裂。找不着毛衣或者那封信，简直太不可思议了。这感觉就像结婚 20 年的妻子有一天下班回家后突然要和你离婚，或者年富力强的叔叔昨夜在睡梦中猝然离世，这些事情同样令人难以置信。面对或大或小的失去，我们典型的反应之一就是强烈地怀疑。

这种感觉很有诱惑性，但也同样极具误导性。比如，想想近年来发生的悲剧：马来西亚航空公司 370 号班机空难。2014 年 3 月，这架飞机连同机上的 239 名乘客一起骇人地消失了——没有遇险呼叫、没有火灾、没有爆炸、没人承担责任、没有可靠的目击者，甚至一年多的时间连一片残骸都没有找到。起初，人们认为因为飞机处于吉隆坡飞往北京的既定航线上，所以它可能坠落在了中国南海的某块区域。仅在几个月里,就产生了许多疯狂的猜测,包括它被击落,或者被某个国家的恐怖组织劫持后转运至某人造卫星发射基地。但最终,调查人员得出的结论是:飞机很有可能在向南航行的过程中燃料耗尽,最后在印度洋中的某个偏远地带坠毁。

在所有猜测满天飞的时候,我和许多人一样既被这一事件吸引,又感到十分震惊,我忍不住好奇:在如今这个超级互联、被全球定位系统持续监测的世界里,庞大且被密切追踪的商务飞机怎么可能失联?从狭义上说,这种怀疑完全说得通。就航空领域而言,马来西亚航空公司370航班的遭遇极其反常:在过去50年间的近10亿次航班中,只有一架小型商务飞机消失了。然而,如果把该事件置于广阔的全球大背景下,就显得非常正常了。经验和历史告诉我们,无论事物的价值几何、规模有多大,也无论我们多么小心翼翼地追踪,只要它存在于地球上,就有可能丢失。清醒地看待这个世界本身,你也能得出同样的结论。当我们看到飞机在机场降落前低空掠过高速公路的庞大身影时,很难想象它居然会凭空消失。但在考虑这一问题时,不能使用这种错误的比例尺。与人类相比,波音777可能是个庞然大物,但你得知道,就算在印度洋海底摆上1800亿架飞机也显得绰绰有余。

最后,这可能解释了为什么某些特定的失去会如此令人震惊:不是因为它们违背了现实,而是因为其揭示了现实。通过纠正我们的尺度感,从而展示出世界的真实面目,这正是失去带给我们的启示之一:世界如此巨大、复杂且神秘,再大的东西都有可能丢失;反之,再小的地方也能让你迷失。一枚丢失的婚戒可以把小小的城市公园变成落基山脉。在徒步旅行中找不到孩子可能会将宁静的溪流和森林变成令人生畏的荒原。敬畏与悲痛息息相关,失去和它们一样,有能力让我们根据周围的环境来立即调整自身尺度。失去重要的东西时,我们变得小如沙粒,世界变得硕大无朋。

正是由于这种对我们的中心感、胜任感和强大感的严厉纠正,使最微不足道的损失也变得让人难以接受。失去某物是一种令自尊心严重受挫的行为。它迫使我们正视大脑的极限:我们把钱包落在了饭店;事实上,我们完全不记得把钱包放在哪里了。它迫使我们正视意志的极限:面对心爱之物,我们无法抵御时间、变化与机遇带来的冲击。最重要的是,它迫使我们面对存在的极限:几乎万事万物都会或早或晚地消失或者灭亡。失去一次又一次地迫使我们正视宇宙的无常——一个令人困惑、发狂且心碎的事实是:曾经就在那里的东西,可能会在突然间消失得无影无踪。

从犹太难民到劫后余生

我有时会想,父亲这一生把东西放错地方的习惯似乎是他童年一系列"失去悲剧"的轻歌剧版本。虽然你无法从他慷慨富足的晚年生活和热情洋溢的个性中看出端倪,但他其实出身于一个笼罩在失去阴影下的家庭、文化或者历史时刻：失去知识和身份，失去金钱、资源和选择，国破家亡、流离失所。

总体而言，人们对这个故事并不陌生，因为它属于现代历史上范围最广、最令人毛骨悚然的失去事件之一。我的祖母是家里11个孩子中的老幺，她在波兰中部罗兹市郊外的一个犹太小镇长大——20世纪30年代末，在这个对犹太人来说危险程度与日俱增的大洲上，这里堪称最危险的地方之一。因为祖母的家族太过庞大、贫穷，以致无法集体逃离即将到来的战争，她的父母出于一种我无法想象的私人考量，把最小的孩子送到了安全的地方。这就是为什么当她还是个十几岁的孩子时，就孤身一人在特拉维夫讨生活——这里离她唯一熟悉的世界有4000公里远，当时仍属于巴勒斯坦的一部分。她嫁给了一个比她年长许多的波兰犹太人。

不久之后，我父亲出生了。再不久之后，还在蹒跚学步的父亲就被送到以色列的一处基布兹，与陌生人一起生活了好几年。在此期间，家里遭受了两种形式的失去。首先，他的亲生父亲去世，母亲改嫁——直到20多年后，父亲才在新婚之夜得知这一事实。其次，祖母所有留在波兰的家人都被送到了奥斯威辛集中营。祖母的父母在那里惨死，十个兄弟姐妹中九人丧命。1945年1月27日，集中营被解放时，只有她的大姐，即我的姨奶奶艾兹亚活着走了出来。我不知道祖母是怎么获悉这一消息的，也不知道她是怎么拿到那些抵达特拉维夫的死者名单的。她离开罗兹市的时候，那里住着近25万犹太人，最后仅有9000多人在战争中幸存下来。几年后，父亲从基布兹回来，迎接他的是一个经历了两次重组的家庭：一次是由于死亡和再婚，一次是由于大规模的屠杀所造成的情感和现实状况——整个大家族几乎被灭族，祖父母、姨妈舅舅、表兄弟姐妹、好友及邻居们都惨遭杀戮，他那失去至亲的母亲心里痛得无法形容。

相对而言，特拉维夫是一个躲避战乱的好地方，但它却不是修整劫后余波的好去处。在日益动荡的中东，这座城市变得越来越危险。一日清晨，父亲的朋友在公寓外的街道上玩耍时，被流弹击中身亡。随着境况江河日下，这个原本就不富裕的家庭挣扎着勉强度日。祖父是一位工作清闲的水管工，他和祖母还有另外两个儿子需要拉扯。1948年2月，在联合国从巴勒斯坦划分出一个全新国家的三个月前，祖父母决定举家搬迁。他们收拾好微薄的家当，沿着一条现代犹太教历史上"逆潮流"的道路前行——他们离开即将建立的以色列，搬去了德国。

毋庸置疑，这并不是他们的第一选择。战争结束后，祖父母就申请了去美国的签证，但考虑到还有其他1100万难民也在寻找新的家园，你就知道签证有多么难申请了。在人身安全得不到保障和日益恶化的财务状况面前，他们再也无法忍受无限期的等待。因此，当祖父听到有传言说在战后德国的黑市里打拼可以过上体面的生活时，他立刻动心了。他没有虔诚的宗教信仰，也没有犹太复国主义者的冲动，更没有破坏前第三帝国法治的顾虑；他只忠于自己的家庭，忠于生存。如果能在那里谋生，就无须介意人类历史的潮流正涌向另一个方向：他们将要奔赴的德国。

这是一段可怕的旅程。为了搭上开往欧洲的船前去港口，这家人，连同一位决定加入他们的叔叔，不得不从特拉维夫自驾到海法——尽管这段距离只有97公里，但在当时却是一段"亡命之路"。彼时，巴勒斯坦的阿拉伯民族主义者和犹太复国主义者之间爆发了内战，封锁线、军事爆炸、伏击战、地雷阵和狙击手射击数见不鲜。行至中途，坐在副驾驶的叔叔不幸中弹。时年7岁的父亲坐在车后排，眼睁睁地看着他在痛苦中死去。在日后的岁月里，每当谈及这一悲剧，向来侃侃而谈的父亲总会话锋一转；也许是出于挥之不去的心理创伤，抑或是出于保护孩子的本能，他叙述的时候总是把这件事当成纯粹的传记事实，轻描淡写地略过。我只知道，在别无选择的情况下，他的家人决定继续前往海法，并且在那里丢下了尸体，然后乘船前往热那亚，再辗转去了德国。

他们在黑森林里的一个小镇上住了四年。父亲在树林里玩耍，在河里学会了游泳，并且和一只名叫菲克斯的巨型牧羊犬成了好友。学校教会了他德语，他初读《绑架》和《金银岛》，看的就是德文版。接受宗教教导时，老师每天下午都派他在走廊里独自坐上一个小时。到了晚上和周末，祖父会让他坐在摩托车的跨斗里，去全国各地转悠，那双可爱的明眸之下是一堆黑市非法出售的莱卡相机和美国香烟。这种生活其乐融融，却也朝不保夕。随着年纪的增长，父亲越发了解自己家庭的困境。他们把赚到的钱藏在地板下面或者卷进窗帘杆里；交谈的内容经常涉及当局究竟是否、在哪里，以及在多大程度上镇压走私者，而这些本不该被孩子们听见。随着时间的流逝，父亲清楚地意识到自己的命运完全取决于先来的是签证还是警察。

幸运的是，签证抢先一步到了。1952年，祖父母带着孩子，成功抵达不来梅，然后扬帆启程，前往美国。船没开多久，父亲就开始呕吐，即使身下没有翻滚的海浪，也不难想象他为何感觉如此动荡。彼时，他和伊丽莎白·毕肖普一样，失去了两座城池和一块大陆，以及所有的家人。他住在公社里，住在战区里，住在中东和欧洲，住在锻造了以色列的熔炉和第三帝国冷却的余烬里。他连20岁都还没到。在海上，他几乎全程都待在三等舱的铺位上，病得昏天黑地。只有当父母告诉他，轮船即将驶进港口，他才挣扎着爬到甲板上看一眼风景。这是父亲对美国生活最初的印象：他在船只的摇晃中迎来了阳光和暖风，并且远远地看见了曼哈顿狭窄水域那头的自由女神像。

最艰难的失去 & 微不足道的失去

父亲当时可能并不知道，抵达纽约港的那一天，正是"轻舟已过万重山"，人生中最艰难的部分已成往事。但我的确认为，他有一种直觉：与过去的自己一刀两断时，他正遭受着另一种截然不同的失去——对移民和难民来说，这通常是在新土地上安家落户所要付出的代价。他的母语，一种夹杂着意第绪语和波兰语的私人化的克里奥耳语，随着直系亲属的消亡而不复存在，他比这些人活得都久；在去国离乡后的半个多世纪里，他只回过一次老家。在他生命最后的某次谈话中，他和一位同为难民的黎巴嫩朋友谈到了爱德华·萨义德对流亡的定义："流亡是一种巨大的失去，它足以令日后取得的所有成就黯然失色。"对于这一说法，父亲并不完全赞同。他认为自己的所得与所失等量齐观，所得之中就包括经久不衰的幸福。但他深知同化的代价，这是生命中最隐秘的失去形式之一，能与之相提并论的还有对不可修复的家园至死不渝的渴望。

尽管如此，等到有了我之后，父亲童年遭受的剧变似乎已经成为一段遥远的历史，但它仍然见证了父亲在美国创造的生活。初到美国，家人们在底特律定居，父亲被送至当地一所公立高中，在漏水的地下室里接受美国化的教育。不过，他真正的美国化发生在个人的日常生活中，部分是在街角的某处，那里有家电器商店，橱窗里的电视机全天候地播放牛仔节目，但主要还是在附近的小巷里，那里实际上是底特律市中心的游乐场。父亲70岁的时候还对小巷充满了"溢美之词"：他喜欢那里的垃圾桶，因为能在垃圾里面发现别人扔掉的有趣之物；那里又高又窄的墙壁，非常适合打手球；最重要的是，当父母在狭小的公寓里吵架时，他可以逃到那里喘口气。随着父母的争吵在数量、音量和谩骂程度上的不断升级，从13岁开始，父亲待在家里的时间变得越来越少。

他自己也开始遇到一些麻烦。那一年，他生平吸的第一根香烟，是在浴室里偷吸的祖父的长红，几个星期后他毕业了，烟量也涨到了一天一包。（我妈妈怀孕后，他开始转吸烟斗，并且持续了好几年。我喜欢烟斗的一切：气味、吸起来安静的吧嗒–吧嗒–吧嗒声、长长的绒毛清洁器，我能把它缠在手腕上，就好像戴了一个手镯。但是最后，我和姐姐意识到了吸烟斗的危险性，并且成功地说服他戒掉。）他还结交了一位好朋友，那个孩子名叫李·拉森，是当地酒吧老板的儿子，满嘴俏皮话、聪明过人。后来，两人放任自流地携手走上了低劣的犯罪道路。即使几十年后，父亲早就改邪归正，但是在描述自己和李，还有其他几位朋友曾经花费数月把底特律各处的交通路锥"打卡式"地偷走时，他的言语间还满是无法掩抑的喜悦。偷盗后，他们就坐在附近的小山上，俯瞰高峰时段主要干线上的通勤者在他们设置的巨大且原本并不存在的路锥周围缓慢地蠕动。

不过在大多数情况下，诸如此类的恶作剧都是偶然的。毕竟，这是父亲第一次以自己的方式面对世界时，于兴奋之余产生的不良后果。他搜集了足够多的麦片盒盖，换到了一张底特律老虎队的比赛门票。在一个阳光灿烂的日子，父亲前往布里格斯体育场，迅速地爱上了棒球——从某种程度上说，这可以追溯到他13岁的时候，他爱棒球就像爱自由。他也经常去公共图书馆，从另一层意义上来说，免费意味着这里是逃离家庭生活的绝佳去处；很快，他几乎每天放学后都会待在那里，享受阅读带来的宁静，直到闭馆。这样说起来，他甚至还去过教堂。在当地电台一遍又一遍不厌其烦地播送着同一则广告，鼓励听众们每个周日早晨都来听牧师的女儿和唱诗班的天籁后，他和李终于遵循召唤，搭上了一辆前往新伯特利浸信会教堂的公共巴士。

长着一头金发的小男孩和戴着眼镜的犹太人站在小教堂的后面,第一次听见了艾瑞莎·富兰克林曼妙的嗓音。

在一路的成长过程中,父亲都是学校里的优等生。1958年,抵达美国五年后,他以学生代表的身份荣誉毕业。同班同学里鲜有人去念大学,他的父母也对美国高等教育体系一无所知,等到有人建议他去申请密歇根大学时,唯一还在招生的就只有工程学院了。他被录取了,但并不喜欢这个专业,只上了一个学期就退学了。次年,他又说服自己,去了一所文理学院。这次的情况比之前好些,可他不小心在宿舍里引发了一场火灾,结果被学校开除。当他终于拿到学士学位时,已经是很久之后的事了:他在曼哈顿做过一阵子冷饮柜售货员,在伊利诺伊州做过一段时间的二手衣物销售员,响应过当地征兵局的号召入伍,十分幸运的是,他在出发前的最后一刻改道去了朝鲜而非越南。出征前,他就遇见了我的母亲;等他回来,两人结了婚。他完成了大学学业,进了法学院,最后在克利夫兰安家立业。假设一下,如果父亲生活在一个更加友好的世界里——他的早年生活不至于那么令人绝望,他对经济崩溃的担忧没有那么剧烈,对自己未来的选择没有那么受限——我猜他会做一份截然不同的职业,也许像我姐姐那样成为教授,或者和我一样当个作家。但即使他能感知到自己的失去,也不动声色。他热爱法律,深爱家人,并且为自己有能力给女儿们提供一个更加安全、快乐的童年而倍感自豪。

为了能让孩子过上健康快乐的生活,绝大多数家长什么都愿意做。这正是祖父母愿意冒着被捕的风险穿越战区,并且在短短四年里两度抛弃熟悉的一切，登上开往异国他乡船只的原因。它也是曾祖父母把小女儿送去另一个世界安家落户的理由，尽管他们明明知道有生之年很可能再也见不到她了。我之所以有今天的逍遥快活，是因为这两代人都成功了。不过，我知道这样的成功和所有的成功一样，都是极其脆弱并且充满偶然性的。经验告诉我们，父母为子女寻求的一切——安全、稳定、幸福、机遇——既不是公平分配的，也并非永久不变。即便我们有幸最初拥有，也很容易失去，因为它们随时都有可能被那些比我们强大得多的力量席卷一空——这些力量有时候甚至比整个民族和国家还要坚不可摧。战争、灾荒、大屠杀、流行病、地震、海啸、飓风、平民枪击案、大规模饥荒、全球范围的金融危机：形式各异的毁灭性灾难通常会席卷整个社区，有时甚至是整个国家——正如父亲早年经历的，以及当今时代继续上演的那样——可怕的灾难仍时不时地在世界上的绝大部分地方降临。

诸如此类的失去将其他失去衬托得不值一提。事实上，灾难发生后，对微不足道和真正重要事物的强烈认知变成了为数不多不仅完好无损而且会被增强的东西之一，就好像灾难对道德和情感做出了全新的、清晰的定义。在目睹了如此多令人痛苦的失去后，该理论认为，我们会明白生活真正的重点，从而停止对其他无足轻重之物的担忧。这个想法颠覆了伊丽莎白·毕肖普的逻辑，它表明通过正确看待那些最巨大的失去，能够有助于我们更好地应对较小的失去。

乍一看，这是一个很吸引人的概念。然而，仔细想想，它并没有毕肖普的主张那么容易让人接受。毕肖普坚信：小的失去有助于我们做好迎接更大失去的准备。的确，许多人在遭受严重的损失后，学会了知足常乐。举个例子，父亲对于什么该关心、什么该放下有着固定的理解。人们常说，大多数时候，他都不为小事烦忧。可谁知道这当中有多少是性格使然，又有多少是环境造成的呢？无疑，从第二次世界大战恐怖阴影里走出的祖母并没有刷新"生命中最重要的一切究竟是什么"的认知：战争几乎夺走了她生命中所有重要的东西，包括在更好的环境下她可以成为的那个更好的自己。我开始了解她的时候，发现她喜怒无常、郁郁寡欢，内心世界如铜墙铁壁一般高深莫测。当然，其中也不乏个性因素。尽管如此，鉴于精神创伤带来的整体影响，想象它最终引导人们向好向善，不仅奇怪，也近乎残酷。

我们不会这样生活。诚然，大多数人都尽己所能地从最艰难的失去中挽回意义，并且有些人认为，无论是出于真正的信念，还是试图寻求安慰，苦难会塑造一个人性格的底色。尽管如此，如果父母们真的相信失去能够改善生活，使其成为更好的人，他们就不会这么拼命地工作，以确保自己的孩子不用再经受这一切。然而，人生代代无穷已，他们只能奋力奔跑。问题是，类似努力的成功率是有限的。雄厚的经济实力能帮我们避免某些困难，充足的爱和支持也能为我们增添勇气，来面对人生中不可避免的困难。但就算你武装到牙齿，也还是无法幸免于难。父母永远没法保护我们不经历失去，因为最终，除非有更糟糕的悲剧发生，我们都会失去他们。

失物谷

我们失去的且永远无法挽回的东西会变成什么呢?它们的结局当然千奇百怪。丢失的那只手套在花园的角落里无人问津地腐烂;落在火车站里好几个月的手提包被捐给了一家二手商店;写着电话号码的小纸条融化在2月人行道的烂泥里;失联飞机的残骸静静地躺在三万公里深海,不时有人类从未见过的生物造访。

把所有丢失的东西都集中于一个地方是人类由来已久的一种奇怪习惯。我们不只是为丢失财物找到"虚无缥缈"的罪魁祸首,也为在哪里能找到它们想出逻辑自洽的"梦幻说辞"。我第一次偶然遇到这种情况是在儿时,它来自一个名头更大、未被查实的虚构之地。在莱曼·弗兰克·鲍姆撰写的《忘忧国的神奇之旅》(*Dot and Tot of Merryland*)中,两个小孩爬上了一艘船,顺水漂流至一个神奇的魔法王国——奥兹国。他们在陌生未知的国度里穿越沙漠、翻山越岭。王国由七座山谷组成,其中大多数探索令人十分愉快——婴儿谷、小丑谷、糖果谷和猫咪谷各具特色——可是最后一座山谷却沉默诡异,寥无人烟,河岸与地平线间散落着各式各样的物品:帽子、手帕、纽扣、外套、皮夹子、鞋子、洋娃娃、玩具、戒指。当点点困惑不解地环顾四周时,忘忧国女王解释道:"这里是失物谷。"

尽管失物谷经常被冠以其他的名字,但它已经萦绕在人们的集体想象中好几个世纪。500多年前,意大利文艺复兴时期最杰出的作家之一卢多维科·阿里奥斯托在其代表作《疯狂的罗兰》中也创作出一个版本,这部卷帙浩繁的史诗讲述了十字军东征过程中,查理大帝麾下声名最显赫的勇士们浴血奋战的故事。其中,罗兰在把心上人输给对手后,也失去了理智。为了拯救他,另一位骑士向先知请教破解之道,先知宣称他们必须得去月球旅行:"好似那/奇妙的/贮藏之地,地球上/失去物/各得其所。"他们(乘坐战车)一起抵达那里,然后发现月球上不仅充斥着丢失的鞋帽、手帕,还有人们失去的财富、名誉、声望、爱情、王国,以及理智——这些都被装在一个个塞紧的小瓶子里,其中一个贴有"罗兰智慧"的标签。

多年以来,从自传文学到科幻小说,失物谷的不同版本层出不穷。在《玛丽阿姨和隔壁房子》中,作者帕·林·特拉芙斯重申了从地球上消失的一切最终都会抵达月球的观点,尽管这次丢失的仅是日常家居物品。(电影《欢乐满人间》给该理念增添了一抹伤感的存在主义色彩:悼念逝世的母亲时,年轻的主人公们被引导相信她从此居住在月球深处的说法,"那是丢失之物的归宿"。)其他的演化版本则聚焦于另外的场景。20世纪初神秘自然现象的怀疑论者兼研究者查尔斯·福特曾经假设世上有一处"超级马尾藻海域"——它并不存在于地球大洋中,而是在海洋上方的某处或者平行空间里——里面存放着所有已经消失的东西,包括渡渡鸟、恐鸟、翼手龙和其他所有绝迹的物种。

这个虚构的目的地之所以具有经久不衰的吸引力,部分原因在于它与我们现实生活中丢失东西的经历高度吻合:我们找不到某样东西，就想当然地认为它可能已经去到某个找不着的地方了。但这样的想法其实蕴藏着一股慰藉人心的力量：尽管失去的东西再也找不到自己的主人，但至少它们能够找到彼此，就像中阴的魂魄那样聚在一起，或者像远方的亲人实现了家族团聚。失去之物的特点在于不知踪影；无论你有多么聪明、多么令人满意，都无法给它们定位。想象在失物谷中散步该有多么激动人心——最为惨烈的失去使人苦恼，一堆堆大同小异的东西令人感觉渺小，发现曾经属于自己的东西使人欢喜，对失物惊人的数量心生敬畏。

这可能就是失物谷最吸引人的地方：它使失去范畴内的陌生感变得真实可见，就好像有人把盒子里乱七八糟的东西一股脑儿全都倒在了地上。在我心里，这是一个由钢笔画出的黑暗之地，就像爱德华·戈里笔下描绘的世界，既滑稽又悲恸：空荡的衣物凄凉地随风飘荡，雨伞像冬眠的蝙蝠一样积成堆垒，塔斯马尼亚虎嘴里叼着海明威遗失的小说溜走了，冰川忧郁地缩成了水洼，阿梅莉亚·埃尔哈特驾驶的洛克希德-伊莱克特拉飞机倾斜地冲向地面，空气里飘荡着午夜的幽灵、未被记录的想法，它们在黎明的曙光中魂飞魄散。从鞋子到灵魂再到翼手龙，正是这种在分类学上离谱夸张的种群，才使人们对这个地方如此着迷。它的内容具有整体性，其价值基础仅依赖于失去这条单一的共性，好像一个巨大的种族，比如"美国人"。

尽管失物谷充满魅力，但其核心却是一个忧郁的地方。心爱之物被流放到那里，我们自己也被它驱逐：每个版本的失物谷都有一个共同之处，即在正常情况下，人类是无法接近它的。只有先知或者玛丽·波平才能带你去月球上拜访失物的仓库，淘淘立刻明白了为什么他和点点能够冒险闯入荒无人烟的失物谷："因为我们也丢失了。"从那种意义上来说，他们两人与多萝西和铁皮人的关系远不及俄耳甫斯与但丁密切，后者不同于大多数凡人，可以获准暂时溜进阴间。同样，山谷和阴间本身也息息相关。失去所爱之物与失去心爱之人如出一辙：苦乐参半的经验告诉我们，今生缘分已尽，来生未必再续。

看待疾病与衰老

父亲的死亡并非突如其来。在此前的10年间，他的身体一直很差，简直到了令人担忧的地步。除了身患许多常见的老年病（高血压、高血脂、肾病、充血性心力衰竭），他还得忍受在任何年纪与时代都不太常见的疾病：病毒性脑膜炎，即西尼罗脑炎。这是一种令克利夫兰最好的医生都束手无策的自身免疫性疾病。自此，无论是在生理机能还是严重程度上，这份疾病清单都呈现出向四面八方扩散的趋势。他在酒店大堂摔倒，导致肩膀撕裂，难以恢复。7月4日，他在朋友家的后院一脚踩空，导致髋腱断裂。尽管他没有明显的呼吸问题，却常常呼吸困难；他的脖子上有根错位的神经，总会间歇性地引发剧痛，导致他不得不忍受暂时性的瘫痪。他有严重的牙齿问题，那是贫穷童年落下的病根；还有可怕的痛风，配得上他颇具贵族气派的晚年。

尽管如此，父亲在很大程度上还是逃过了晚年最常见的一种失去——心智能力的丧失。不过，有个例外——一种奇怪又可怕的魔咒持续了两三年，不幸中的万幸是，尽管这种情况不同寻常，但结果是可逆的。这发生在他年迈体衰的初期，他的自身免疫性疾病一出现，就引发了一系列可怕的健康危机，导致整个团队的医生，包括心脏病专家、肾病学家、免疫学家、肿瘤学家、传染病专家帮他会诊，以确定病因。在下不了诊断结论的情况下，他们决定采用最常见的做法——对症下药，这就牵涉到使用越来越多的药物，比如解决眼前问题的药物、控制药物副作用的药物，以及治疗次生副作用的药物。现在回想起来，这些药很显然都有可能制造危机，但还好当时没有发生，部分原因是我们太担心潜在的疾病而忽略了把注意力放在其他东西上，还有部分原因是次生危机显现的速度比较慢。八九个月后，母亲、姐姐和我才开始担心父亲的精神状况。我们最早是悄悄地担心，后来就毫不隐瞒了。

起初，变化是循序渐进的，早期发病的次数很少且症状难以辨认。父亲开始夜晚睡得更久，白天也会打盹，甚至连家庭聚会时也不例外，要知道通常此时他都会极为兴奋。交谈时，他有时会扯向令人费解的话题，我们只能想方设法从他的奇谈怪论中找出相关性，进而理解他的意思。我是所有家庭成员中对此最感愧疚的人——我没法在他明显前言不搭后语的时刻始终保持一份令人瞠目结舌的乐观。

然而最终，这些时刻变得越来越有规律，足以令人担忧，因为很显然我们不能把它当成正常衰老而选择置之不理。即使是父亲那出了名的、令人绝望的方向感，也无法成为他夜间搭乘通勤火车时各种离奇行为的借口。父亲工作所在地的车站离家三站远，这条路他来回走了30年，最后他竟然不记得该怎么回家了。至于在其他方面，父亲也开始失去自己的空间感和时间感。谈话时，他搞不清今夕是何年，也不知道自己究竟身处克利夫兰、波士顿、意大利还是以色列。我非常清楚地记得他打来的那个叫人完全摸不着头脑的电话，它迫使我不得不直面现实：我有生之年遇到的最杰出的头脑正在衰退，在许多关键的方面它已经失灵了。如果你也曾经因为所爱之人丧失认知能力而产生创伤，一定会和我一样整夜失眠。那是我第一次为父亲感到悲痛。

最后从蛛丝马迹中做出正确推测的人是我的科学家姐姐。有一天，父亲在经历了一场极其令人担忧的混乱之后，被我们送进了医院。姐姐打电话给医生，告诉他们赶紧给他停掉所有无效的救命药物。尽管我活了有些岁数了，却无法想象自己会亲眼看到随之而来的另一场惊人转变。父亲出院的当晚，我和姐姐就已经飞回家陪他了。他和我们一起熬夜至凌晨两点，大家谈论了意大利无政府主义的起源、贸易条款在宪法中的作用、《荒凉山庄》里的家庭关系，以及不同哲学家对意识的本质所持有的对立观点。第二天，他起得很早，心情愉悦，和我们一起带着他四岁的小外孙女出去滑雪橇。

有一句我记不清出处的老话一语道破了"幸福"的真谛。首先，你牵走某人的驴子，然后再把驴子还给他。我对驴子一无所知，只知道这种比较绝对会令父亲哈哈大笑。我敢肯定的是，在这个世界上，最美妙的感觉莫过于能够与你以为永久失去的珍贵之物重新团聚。在两年多的时间里，出现在我们眼前的父亲连他过往一半的神采都没有，一年前我终于接受了这一事实：他再也不是我认识的那个人了。然后几乎在一夜之间，他回来了。

这段经历令我受益匪浅，让我对微小损失与巨大损失之间的关系产生了新的看法。大多数时候，失去日常用品并不意味着存在任何潜在的疾病，但真正的智力衰退则部分体现在丢失物品数量的增加上。痴呆患者很容易把东西放错地方，并且阿尔茨海默病早期患者之所以找不到东西，原因在于他们将其放在了匪夷所思的地方：眼镜出现在烤箱里，假牙放进了咖啡罐里。这些我全都知道，所以当父亲开始出现认知能力下降的迹象时，我就养成了一种习惯：认真检查他的每次丢失，因为它们预示着之后可能会有更大的失去。那只被放错地方的钱包，以前既有特色又滑稽，现在却成了潜在的报警源；他想用却找不到的那个词让我颇为费心，这感觉就像是站在大洋边缘的焦虑父母，面对着平庸与不详之间广阔的灰色区域。我现在知道了，无数人为了自己或者所爱之人而与这种习惯和恐惧共生共存，并且我终于明白了原因。大脑是最深不见底、最神秘莫测的失物谷，那里丢失的东西简直令人心碎：带有你生活印记的城市、妻子的姓名、怎样处理发刷、为什么在公寓里请保姆、你是谁，以及怎样才能找到回家的路。

在父亲生命最后几年遭受的所有失去中，这才是最可怕的，但仅限于对我、母亲和姐姐而言。父亲本人对自己的境况几乎浑然不觉，因此也没怎么受到影响。我曾看到他在神志清醒时，因为记不清 1956 年底特律老虎队第三垒手的名字而沮丧万分，这对他的打击远胜于长期医治病症造成的整体衰竭。因此，尽管他明显是个聪明人，最终仍难逃晚年其他所有失去的"魔掌"。并且，与认知问题不同的是，这些失去都是不可逆的。相反，随着光阴的流逝，它们互相影响、各自恶化，每年都会产生更多的毛病。

从这个意义上说，尽管父亲的某些疾病很罕见，但他的整体情况还是很普遍的。现代人的平均寿命较长，虽然这是一个受人欢迎的进步，但有时候，长寿反而会折损你的生命体验。所以我们在迎接临终这一"终极失去"之前，会遭受许多意料之中的失去：失去记忆力、行走能力、自主权、体力、智商、稳定长久的家庭、职业带来的身份感、健康的生活习惯，也许最重要的是失去一种"向前"的自我意识——想到世上尚有许多"未竟之事"，我们就会拥有仍在成长的感觉。有可能你活了很久，却很少体验到这些变化；也有可能你体验了一切，从中发现了意义并心生感激。但对大多数人来说，失去会在某些点上激发出各种各样的情绪，其中就包括轻微的愤怒和发自肺腑的悲恸。

我的意思并不是说走到生命尽头的父亲并不快乐，他其实挺幸福的。他拥有母亲，宠她爱她，而她亦常伴父亲左右——这越来越多地出于需要，但也是出于爱。他还有姐姐及其全家人和我，他从我们所有人这里获得了无穷无尽的快乐。他参加了每月定期举办的读书会,并且每天自行阅读打卡,乐此不疲。他养了两只猫,却假装很讨厌它们;在与母亲常去的游泳池边,他总会和一群人闲聊。他交友极其广泛,知己遍天下,无人不识。

然而,如果说"失去"原本意味着分离,那么父亲与曾经的自己早已渐行渐远。尽管他拥有充满激情的职业荣誉感,也十分珍视同事和工作,却不再从事律师工作。尽管他喜欢周游世界,却再也不旅行了,因为太多的伤痛和困难已让他难以招架。尽管终其一生他都对驾驶抱有一股少年般的狂热,却再也不摸方向盘了。他从未做过运动员,却始终精力充沛,可现在他连走到街区尽头的力气都没有了。这一切带来了疼痛和与之相伴的无能为力感。即使时过境迁,我仍然不敢触碰父亲的这段记忆——某次在饭店里,父亲脖子上的神经疼痛突然来势汹汹,他疼得大汗淋漓,得赶紧去洗手间缓缓却无法挪动。

见证所有这些变化令人十分不安。我讨厌看到父亲的衰弱和痛苦,并且担心眼前的一切只是终结的肇始。我的预感没有错。但直到后来,我才开始思考同情与恐惧之间的矛盾:事实是只有死亡才能让父亲从痛苦中解脱,而这一刻终将到来。这一点从生命尽头上来看通常没错,因此,看待疾病与衰老带来的失去时不妨这样考虑:它们能帮助我们与最终极的失去和平共处。你总能听见有人这么说,尤其是在回忆往事的时候。在某人去世后,我们会说"至少他不再遭罪了"或者"至少她摆脱了痛苦"。

这的确可以成为一种安慰。生活之物，林林总总、形形色色，并非越多越好；我们所有人都能想象出无数内在和外在的疾病，因为它们的折磨，早逝可能比晚死来得更痛快。我认为，没人会祝愿一个本应于1938年在波兰安息的犹太人能活到80岁高龄。很少有人会祝愿重疴缠身之人长命百岁，难以忍受的疼痛令患者自身都觉得生活不值得一过。但即使我们能以某种方式永远地保持完美的体魄，也未必需要延年益寿。正如法国学者菲利浦·阿利埃斯曾经描述的那样，"将死亡归入魔鬼的领地"是非常诱人的。但许多智者认为，从根本上来说，适时的死亡是件好事，并且认为其价值远不止助人脱离疼痛的苦海。虔诚的信徒可能将死亡视作一种重要的转变或者一次盛大的回归，然而非宗教人士或许会认为无论从道德还是心理上来说，死亡都是必要的，因为长生不老缺乏意义。

我始终认同这一观点，在我看来，时间由于稀缺而宝贵。但正如我一次又一次发现的那样，在悲痛面前，人的思考和感受可能会彻底分道扬镳。毫无疑问，我为父亲摆脱疼痛感到高兴，但那已经是我的极限了。在产生情绪的自我核心深处，我不可能对死亡产生更多的感激，或者假装不希望父亲——我那聪慧、有趣、值得崇拜、惹人喜爱的父亲——仍然活着，并且永永远远地活下去。威廉·詹姆斯曾写道："据我所知，永生不朽的最好理由是那人配得上拥有它。"

陪伴父亲的最后几周

与普遍意义上的死亡一样，父亲的离世既可预见，又令人震惊。它发生在9月，恰在秋分之前，每年此时，世界的轴心都一定会向黑暗倾斜。很明显，父亲已近黄昏，我应该为他的去世做好充分的心理准备。但随着这些年来造访急诊室的次数不断增加，我逐渐可以抑制住自己的害怕和惊恐情绪——因为没人能始终生活在危急的状态里，也因为总的来说他对自己的疾病满不在乎。("周四做活组织切片检查。"他曾经发消息告诉我他的颈动脉出现了问题，"不知道检查何时进行，也可能没人通知我。")说得更确切些，尽管困难重重，他还是顽强地活着。从理智上说，我知道没人能永远承受如此严重的疾病困扰。然而，经历过多次死里逃生后，父亲看起来就像个不屈不挠的战士。

结果是，当有一天母亲打电话告诉我，父亲因为房颤而住院时，我并没有过度惊慌。当晚，我和女友一进城就得知父亲的心律已经稳定下来了，我也不觉得惊讶。医生告诉我们，把他留在医院主要是为了观察，其次也是因为他的白细胞数量高得出奇。父亲挂了个常规的心脏病门诊，结果却被直接送进了重症监护室。他向我们讲述这一连串的事情时，心情愉悦，一如既往地准确、出色。他为自己造成的不便而道歉，尽管如此，他承认见到我们由衷地高兴。为了试图反对医院安排的"有益心脏"的晚饭，他派我们出去寻找一碗像样的辣椒。我们说，也许到明天，他就能出院了；但翌日，尽管他精神抖擞，却仍然有点不对劲。我们早上到的时候，发现他异常啰唆，不同于往常的热情洋溢，而是有些躁狂和失常。医生说，这是肾功能暂时丧失导致血液毒素积聚的结果。如果病情不能自行好转，他们就打算为他做一两轮血液透析。

我还记得那是个周三。在接受治疗后的两天里，以往最喋喋不休的人退化到了语无伦次的地步；等到周六，父亲再也说不出话来。他的医疗团队觉得这简直难以理解，于其他人而言则痛苦不堪。除了令人珍视的交谈，父亲总是通过言语来理解世界；终其一生，他都通过谈话来进入、走出和处理一切，其中也包括疾病。在这么多年来发生的紧急治疗中，我曾看到他饱受折磨，并且因发烧而胡言乱语。我目睹他经受了十几种不同的伤痛，甚至包括幻觉——有时，在完全意识到幻觉的时候，他还能描述出它们，并且讨论认知神秘的本质。我看到他在受疾病困扰的思绪中暂时徘徊，遭遇了一些奇怪、黑暗、超深渊的生物，它们对其他人来说既未知又可怕。在那段时间里，无论何种情况下，我都没见过他失语。可是现在，整整五天了，他仍然保持沉默。到了第六天，他突然恢复了声音，却没有找回自我。紧接着我们度过了一个充满了挣扎与不安的夜晚。之后，他除了吐出零星的几个字，说些莫名其妙和看似清醒的话，比如"嗨""马丘比丘""我要死了"，就再也没开过口。

即便如此，在更长的一段时间里，他忍受了人人身上都有的那种无法解释、独断专横的自我，我指的是他的本我和那个名叫艾萨克的人。在停止说话的一个星期后，他对接连出现的医疗专业人员提出的每一个要求都置若罔闻（"舒尔茨先生，你能动动脚趾吗？""舒尔茨先生，你能捏下我的手吗？"），父亲选择回应最后一个指令：我们觉得好笑的是，舒尔茨先生现在居然还能伸舌头。他最甜蜜的自发动作，也是几乎一直保留到最后的举动，就是亲吻母亲。每当她靠过来帮他擦嘴，他就会噘起嘴，做出我这辈子经常能见到的那个简单却满怀敬慕的动作。至少在姐姐和我面前，那是父母之间的问候和告别，是他们的"做个好梦"和"逗你玩玩"，或者"对不起"、"你真美"和"我爱你"——这是他们共同语言中的基本标点符号，是50年相濡以沫的与子成说。

一天晚上，在情况没有本质性好转的时候，我们聚在父亲身边，用所有想说的话填满了他的沉默。我一直认为我的家人之间是很亲密的，所以当意识到大家还能更加亲密，可以围在父亲奄奄一息的火焰旁彼此依靠时，我感到非常吃惊。我们所在的房间如同一个白色的立方体，屋内像杂货店的过道一样亮堂，然而在我的记忆中，那个漆黑的夜晚充满了活力与生机，好似一幅伦勃朗的画作。我们只谈论爱，其他没什么可说的。我们告诉他，我们有多么感谢他，他给我们带来了那么多的快乐，他度过了多么充实而光荣的一生。父亲缄默不语，却似乎很警觉。我们说话的时候，他盯着发言人的脸，棕色的眼眶里噙着泪水。我讨厌看到他哭，尽管他很少哭，但这一次，我满怀感激。这也许是他生命中最后一次，也许是最重要的一次，给了我一种"他都能听得懂"的希望。至少，我知道那天晚上无论他望向何处，都会发现自己始终处于家庭同心圆的正中，处于我们满是永恒爱意的源源不竭的泉眼。

所有这些都令死亡听起来意味深长、甜美清新。的确，如果你足够幸运的话，能在其中发现一条甜蜜且富有意义的狭缝，它就像300米深的地下暗穴里闪烁着的银矿脉。尽管如此，洞穴就是洞穴。那时，我们已经在医院里度过了令人眩晕、漫长、感知不到时间流逝的两个星期。那段时间，我们没进行任何诊断，更别提预断病情了。在每个时间节点上，我们都被新的可能、新的检查、新的医生、新的希望和新的恐惧紧紧包围。每天晚上，大家筋疲力尽地回到家里，谈论发生的事情，好像只有这样才能度过第二天的煎熬。我们醒来后，继续过着在停车场、重症监护室登记台和24小时法式烘焙餐厅欧邦盼之间穿梭的日常生活。结果却发现，除此之外，并不存在什么能够有助于"未雨绸缪"的其他日常惯例。这就好比你住在一个闻所未闻的国家里，每天早上都要根据天气来搭配着装。

亲历深爱之人离世，是一种如此私密的行为，有关它的记忆将不可避免地出现在一些奇怪而具体的事情中：表弟永远都听不到你留给他的语音邮件了；通知噩耗的电话铃音响起时，电视机里正在播放的节目；前门昏黑的窗玻璃，屋外沉默旋转的警灯——红灯、蓝灯，然后再是红灯。尽管一切存在可变性，但如今很多人对死亡的体验是千篇一律的，因为它们绝大多数都发生在医院里。成千上万的情节仅在一个场景中展开，就好像所有人都步入了同一个令人心烦意乱的梦境。从很多方面来说，医院是适合死亡的场所，但要想在这里开始哀悼却显得奇怪并且困难。我过去多次造访医院时，总是试图缓和自己对它抱有的任何负面情绪，因为我知道这里也有美好的事情发生——在我周围，生命得救、痛苦减轻、重获希望、新生命呱呱坠地。我曾目睹其中的一些。我外甥女出生的时候仅有3磅重，"拇指姑娘"完美得令人害怕：她在新生儿重症监护室待了一个月后，回到了我们身边，哭哭啼啼、健康茁壮、纯洁无瑕、令人惊叹。父亲45岁时修复了一次肺动脉，60岁时再次修复，两次简单的手术，却让他多活了那么多年。诸如此类的恩赐，几乎可以让你原谅医院的一切。

然而，随着父亲生命的逝去，我们一天又一天地静坐在医院里，这实在太糟糕、太可怕、太悲凉了。医院里一整天都冷得不行，我祈求护士多给我几条毛毯，然后把这些又白又薄的毯子三三两两地堆在母亲身上，她就坐在父亲身边的一张塑料躺椅上，看看书、打打盹、握握他的手。正对着大门口放着一张长椅，靠墙处有一把金属椅子。我有时躺在椅子上，有时坐在另一把椅子上，或者站起来向窗外眺望。如果医院里的体验没那么令人恐惧的话，你就会感觉很无聊；有些非常紧急的事情正在发生，你也有可能完全无所事事。漫长的时间被哔哔作响的机器、抽血的护士、检查挂在父亲头顶输液袋余量的人无限地分割。护士会时不时地进来，除母亲外，所有人都会小心翼翼地离开房间——尽管这么做的必要性已经很小了，羞怯和隐私早就成为人们最无须担心的事情。

其他时候，我们中的某人会因个人原因离开房间，打个电话、散散步或者去咖啡馆。在电梯里，穿着长袍的瘦老头小心翼翼地护卫着自己的氧气支架，母亲们像疲惫的哨兵一样守护在孩子的轮椅后面，当一层又一层的电梯门打开时，忙碌的医生们恭敬地默不作声，目的地的名录——神经科、肾脏科、肿瘤科、放射科、病理科、疼痛治疗室、儿科重症室——提供了一种地狱般的幻想，就像但丁刻画的那样彻底而细致。好几天，有个女人站在大厅里弹竖琴，我觉得这个姿势太不优雅了，让人心生厌烦；即便外面的喷泉也以同样的方式和原因杵在那里，却能抚慰人心，令我着迷。她身后的走廊里有一家书店，橱窗里摆满了泰迪熊。再往外走是自助食堂，我大概每天都会绕着那里的食物兜圈子，试图唤起一些食欲却以失败告终。

日子就这样一天一天地过去了。我意识到当时的我们是非常幸运的，一来限制探视时间和规定一次只能有一位访客的年代已经过去；二来"不能探视"的时代尚未到来，这正是我写下这些字句时真实的写照：我的父亲没有在新冠肺炎疫情期间生病、死亡，疫情造成的隔离无疑加剧了每个人的悲伤——最重要的是，你失去了与所爱之人并肩坐在一起，告诉她"我就在这里"的机会。在父亲最后的几周里，能陪伴在他身边是一种荣幸和安慰；如果说他要被关在那个房间里那么久，我们真心希望可以待在彼此身边，守望相助。

不过，除非你在医院工作，否则那里并不适合久待。就像临街教堂一样，它的实体存在与其肩负的责任并不一致。在重症监护室里，你能意识到华兹华斯在《丁登寺》中所描述的生命的短暂和永恒险境的不断逼近，但与此同时，你基本上身陷空港。你同样需要面对不耐烦与无能为力的组合；同样持续不断地接近陌生人；同样不可避免地依赖好心或者爱发号施令的专业人士；同样需要走很长的路才能抵达毫无吸引力、极端昂贵的商业场所；你刚进门，同样的疲惫就像空气一样悄无声息地溜进来了；同样的因为被困在与外部世界截然不同的时区里而产生的时空倒错感。就我们的情况而言，因为父亲的病情如此扑朔迷离，你还会产生另外一种当航班被取消，迟迟没有进一步消息，只能在遥远城市里临时滞留的绝望感——只不过我们等候的并不是飞机，而是毁灭或者拯救。

根据我个人的经验，这是医院很少履行其存在义务的另一种方式：父亲因心律不稳、肾脏衰竭、血压下降、白细胞激增、反应迟钝、不吃不喝而住在重症监护室期间，主治医生给出了许多建议（截然不同的药物组合、更多透析、脊椎抽液、为了排除罕见病可能性的验血、为心肺做磁共振成像），这些折腾的方法无所不用其极，却不能让他平静地离世。即使当母亲和姐姐开始直截了当地询问医生父亲存活的可能性，以及在这种情况下，他能有尊严地活下来的概率，他们仍拒绝回答，只说这一病例很复杂，需要由家属来定夺——就好像尽管我们没有他们的医学知识储备，但从某种程度上来说，自己做决定反而比得到他们的帮助效果更佳。

我希望事实并非如此，我希望所有的医生在死神临近时都能诚实地谈论死亡。但我不能完全责怪那些没能这么做的人，因为，如果我是他们，我能为父亲和家人提供的服务也会同样糟糕。我天生就不具备处理临终事务的智慧：我太热爱生活了，太愿意孤注一掷，太过于明知无用仍妄想。但那天当姐姐坐在我身边，温柔地告诉我，尽管激烈的干预有可能使父亲化险为夷，但从所有我们认为重要的方面来看，我们能挽回的父亲只会"越来越少"，而非"越来越多"。我知道她是对的。最后，父亲以前结交的两位医生朋友来看望他时，听了我们的询问，表示如果让他俩来做决定，出于对父亲同样的爱，他们也会选择顺其自然。听到这里，我感激涕零。

因此，一天下午，我们没有继续试图拖住死神的脚步，而是把门打开，心平气和地等待它的到来。看到护士用绷带包扎好父亲手臂上的透析孔，从他皮肤上取下许多连着电线的传感器，把他与所有的机器设备分开，我松了一口气。她对父亲和我们都极其温柔，这是在父亲被转移到临终关怀中心之前，护理人员无数善意中的最后一份关怀——她们递来的那些毯子、所有饱含同情的话语、一切有问必答、帮忙喊医生，以及额外拿来的椅子都让人觉得很暖心。她处理完一切后，我们收拾好行李，穿过走廊，上了电梯，和父亲一起在最后的新房间里安顿下来。

这里比他在重症监护室的房间更小、更简单，也更加安静。每天，护士都会悄悄地进来检查几次他的情况，除此之外，我们就单独待在一起，各想各的，这是和父亲共同度过的最后一段时光。令我惊讶的是，我发现与他在一起很舒服，坐在他的身边，握住他的手，看着他的胸膛在熟悉的轻微鼾声中上下起伏。这并不像人们所说的那样悲伤得令人难以招架；相反，这种悲伤是可以承受的，它宁静、惹人沉思、对悲痛浅尝辄止。我以为自己在那段时日里所做的一切，都是为了能够安然地接受他即将到来的死亡，没想到我错了。但打那以后，我了解到，即使一个人行将就木，他也会以某种极其显著的方式延续生命。

然后，某天一大早，他不在了。我清楚地记得自己立刻失去了意识，所以我能听见的几个令人冷静的音节几乎都是在体外形成的：就是这样了。我记得自己感觉既沉重又空虚，就像一个空空如也的保险柜。我记得小外甥女把一封自己写给外公的信放在了他的胸口，我盯着那里看了很久，胸脯纹丝未动。但是在父亲去世后最初几个小时里，我印象最深的是看着母亲用手轻轻地抱住他光秃秃的头。一位妻子搂着自己去世的丈夫，心无挂碍，亦无恐惧，不对任何关心抱有幻想，只是为了有机会最后一次温柔以待：这是我见过的最纯洁的爱意表达。她似孤鸿寡鹄，依旧美丽，却平静地令人难以置信。他看上去还没有死亡。这个人长得很像我的父亲。我没办法停止想象他过去经常把眼镜推到额头上看书的样子。在其他回忆带给我更强烈的冲击之前，我突然想到，应该把眼镜放在他的床头，以备不时之需。

我不知所措

于是，我就这样开启了在失物谷的漫长旅程。父亲去世三周后，我又失去了另一位家人，他死于癌症。在此之后的三周，在美国职业棒球大联盟举行的世界大赛第七场比赛的第十局中，家乡球队一败涂地——如果父亲不是一个狂热的棒球迷，这一结果也不会对我产生这么大的影响。再一周后，希拉里·克林顿与本国略超半数的选民一起，在总统大选中败下阵来。

从某种程度上来说，悲伤就像是一种功能失调的爱，它无边无界；在艰难坠落的过程中，我很难分辨出自己究竟是因为其他失去而难过，还是因为父亲去世而悲痛。我在他的追悼会上，甚至在致悼词时，都保持着镇静。但在我参加第二场葬礼的时候，在亡者儿子起身致辞的环节，我撕心裂肺地哭了。之后，我一直有种等待靴子落地的感觉——我可能会随时得知身边人去世的消息。总统选举结束后的那个早晨，我又哭了。我不可遏制地思念我的难民父亲，怀念我此前畅想过的未来。取而代之的是，其他类型的失去也突然变得迫在眉睫：公民权利、人身安全、财政安全、尊重不同政见和差异的美国基本价值观，以及对民主制度及民主监督的保护。

连续几周，我艰难度日，在现实和想象的悲伤浪潮中翻滚。我无法停止想象政治和个人生活中的灾难。每当母亲不接电话的时候，我的恐惧感就会上升，我讨厌看到姐姐登机，也几乎不让伴侣打车。伊丽莎白·毕肖普写道："如此多的事物似乎都 / 有意消失。"除了那些特定的不愉快，大量不可避免的痛苦也将我摧毁。

尽管如此，我还是想把所爱之人留在身边，即使他们的存在也会引发一定的痛苦。失去父亲或者母亲的后果之一就是你得重新安排剩余的家庭成员，这显而易见，可我事先完全没有概念。我活了一辈子，习惯了四口之家的配置；从某种程度上来说，我的生活已经被改变了，它令人愉悦地朝着更多的方向迈进。但在哀悼父亲的过程中，我需要逐渐适应全新的家庭结构，它已从正方形变成了三角形。作为一个家庭单元，我们变小了，却更稳定。当然，我们总免不了最初的阵痛。

这种悲伤很大程度上源于父亲和母亲可怕的分离。10年来，我一直为父亲提心吊胆，但几乎在他去世后不久，仿佛是出于某种焦虑守恒定律，我的恐惧又转向了母亲。这多半与她的身体健康无关，母亲的身体比父亲好得多。相反，让我担心的是，在父亲半个世纪忠诚的陪伴之下，她的生活变得越来越空虚。"我无法想象她没有他的样子"，人们经常会这样说那些丧偶之人，但我的问题是，我总会不断地想象。在父亲去世之初，我常常因为担心母亲要孤独度日，反倒削弱了一些悲伤的情绪。

最终，我意识到自己低估了母亲，就像成年子女经常会做的那样。她确实和我担心的一样想念父亲，但很快我就发现她就连悲痛也带有个人一贯的风格：她耐心且温柔地坦然接受了人生低谷的不可避免性，并且拥有在余下时日里尽可能活得多姿多彩的非凡决心。她的优雅刚毅令我敬畏，尤其是因为我总是表现出相反的品质：父亲去世后，我变得异常笨拙，很容易生病、受伤。我发了三个星期的低烧，神经受到压迫，拉伤了一条腿筋，无缘无故地摔倒两次，被莫名其妙的牙痛折磨；最糟糕的是，一个可怕的早晨，我在煮咖啡时打翻了一整瓶开水，溅伤了前臂。心理学家会说，我身体的某个部分在无意识地表现出情感上的痛苦，我确信这没错。然而，在当时，这些不幸和疾病与其说是一场持续的身心灾难，不如说是一种无处不在的失衡，就好像我已经不再熟悉我的身体和维持世界基本运作的物理原理了。

不管出于什么样的原因，这些各种各样的衰弱累积爆发，导致我感觉自己老态尽显。或者也许恰恰相反——因为我感觉老态，才导致了这些虚弱。任何一种悲伤都会让人迅速衰老，部分是因为筋疲力尽，但主要是因为与死亡的对抗：感觉老去（与实际衰老不同，那可能是一种完全满足的状态）会让你觉得你的日子和剩下的快乐都在减少。但是失去父母的悲痛的确会让你一夜白头，因为它正将你推向另一个人生阶段。失去父亲好像提升了我在世代行进中的档次，仿佛一下子向湮没迈出了一大步。一夜之间，我如至中年，这很奇怪，因为悲伤有时也让我觉得自己很年轻，仍然需要父亲，还不适合与他分离。我在一种奇特的循环中感到了衰老，因为我觉得自己其实还是个孩子，甚至认为自己很久以前就是个孩子了。

迷失方向、焦虑不安、受伤生病：基于此，在父亲去世后的一段时间里，我变得极其差劲，也就不足为奇了。我失去了动力，失去了一切；日复一日，我竭尽所能，却一无所获。在某种程度上，这是因为人一忙起来时间就过得飞快，我害怕与父亲在世的时日渐行渐远。但这也是因为，在所有明显的服丧任务都结束之后——葬礼完结、衣服都捐出去了、感谢卡也写完了——我不知道自己究竟还能再做些什么。虽然我花了近 10 年的时间担心有朝一日会失去父亲，却从没真正想过接下来会发生什么。我的想象就像一颗心脏，总在死亡的那一瞬停止跳动。

现在，生活不得不继续，我发现自己不知该何去何从。我从诗歌中获得了一些慰藉，但除此之外，我生平第一次无心阅读，也无法集中精力写作。理论上，我有一份杂志社的全职工作，可以在家办公，工作时间完全是自己说了算。这是我过去十分珍视的一种奢侈，但在哀悼的头几天里，它让我失去了主心骨；即使是善后造成的停顿结束后，之前欠下的各种稿债和截止日期开始向我涌来，我还是发现自己心力交瘁、心事重重，以致无法集中注意力。每天，我都会打开笔记本电脑，盯着它看一会儿，然后又关掉，与空荡荡的屏幕产生一种强烈的亲近感。我知道出于情感、职业和经济上的原因，自己需要重新开始写作；我知道自己需要在适当的时间睡觉，也需要在凌晨一点醒来；我知道自己需要合理的饮食，与朋友互动，打电话给多年没有联系过的心理治疗师。我对每一件应该去做的事情心知肚明，却对真正想做之事一无所知。

不出所料，是父亲给出的一个词，恰到好处地形容了我**正在做**的事情。终其一生，他掌握了惊人的词汇量，它们精微玄妙、包罗万象，即使在他说不出话的时候，也无声胜有声。有一次，我无意间看到了"circumjoviating"这个词，就赶紧去查了一下，它的意思是"围绕木星运行"。我向他提出疑问，要他给这个词下个定义。他大概想了五秒钟，然后给出了合乎逻辑且十分优秀的答案："避开上帝。"自那时起，我就一直这样用它——还有什么词语能够如此简洁地描述逃避神性、良心或者责任的经历呢？诚如我从父亲那里学到的许多东西那样，这是语言天赋中所蕴含的道德天赋。所以在他死后，当我无动于衷地坐在那里，看着这个词开始定义我：逃避工作、逃避书籍、逃避时间、逃避快乐、逃避现实，此时我又想起了这件事。

我并没有产生父亲带给我的那种"失去的感觉"。反而感到**不知所措**——这是一个奇怪的措辞，就好像失去的是物理世界中的某个地方，是一块反向运转的绿洲或百慕大三角区，人在那里心神耗尽，指南针转个不停。我尽己所能地去做一些感觉可控且正当的小事（打电话给母亲和姐姐、和伴侣蜷缩在一起、陪猫玩耍），但光有这些尚不足以充实每一天。每晚上床时我都疲惫不堪，睡到天昏地暗，要知道我只会在生重病时才是这种睡法。每天早晨，我在两种截然不同的恐惧中醒来：我存活于世的时光如流星赶月般消逝，新的一天沉重漫长地出现在我的面前。自从8岁以后，我就再也没被"该做什么"这种简单的生活问题困扰过，要知道那时的我尚在学习应该怎样驾驭无聊。

出门寻找父亲

在这段萎靡不振、失魂落魄的日子里，我开始出门寻找父亲。因为我能在大自然中找到和平与明净，所以就在户外寻找，有时是在散步时，有时则在跑步时。（在父亲去世后那段漫长的抑郁期里，跑步是我唯一的坚持。我非常了解它在我的生活中所起的作用——保持身材、提神醒脑、调节情绪，我非跑不可。）就像那些悲伤初期艰难时日里的许多其他事情一样，这些探险带有一种朦胧的、尚未定型的品质。它们有些"临时起意"，毫无计划，也没有预先的准备，好似我知道它们承受不起深思熟虑的重量——它们当然不行，因为就我对死亡的理解，没有任何迹象表明它们肯定能成功。我认为每个人的本质在死后都会有所改变，并且不相信死者能与生者交流。但悲伤令我们所有人都变成了鲁莽的宇宙学家，而且我认为只要我肯出去寻找，也许就能以一种不太可能的方式重新回到父亲身边，不管时间有多么短暂，或者它显得有多么莫名其妙，这都是完全有可能的。

后来，我了解到，这种"寻找行为"在丧亲的人群中很常见。事实上，它是如此普遍，以至与伊丽莎白·库伯勒-罗斯同时代的心理学家约翰·鲍尔比认为，在震惊和麻木之后，悲伤的第二阶段是"渴望和寻找"。然而，在父亲去世前，我从没做过这样的事——也许是因为，在此之前，死者总会主动来找我，替我减少了麻烦。我14岁时，外曾祖母在睡梦中去世，享年93岁。自从我认识她以来，她就是个极其温柔的人。可是几个月后，当我懒散地躺在客厅沙发上看书时，身后响起了一个声音，她严厉地告诉我："请你坐直并且把双腿交叉。"23年之后，她的女儿，即我的外婆于95岁那年去世了。她绝对不是个温柔的人，却是位优秀的外婆，严厉、聪明、有趣。这很独特，也非常惊人。一天晚上，我决定放弃一篇写得不怎么样的文章，站起来准备去睡觉时，听到她在我身后说："这可真是个馊主意。"

然而，我这一类最难忘的经历始于 16 岁，彼时我刚刚失去了一位最亲密的朋友。一天晚上放学后，我们像往常一样打了一会儿电话；几小时后，她被谋杀了。事出突然，令人十分震惊，我当时年纪还很小，简直无法接受她的离世。多年之后，我总会梦见她伪造了这件事，或者梦见我俩都被一场精心设计的骗局愚弄了。我怀疑出于同样的原因——几乎无法相信她已经离世了——在相当长的时间内，我都会规律性地感觉到她的存在。第一次发生在放学回家的路上，我听到她在喊我的名字，那个声音听起来既愤怒又鼓舞人心，仿佛在欢快地指责我的悲伤。更奇怪的是，我曾两次无比震惊地确信，自己又见到了她，虽然她的容颜大改，但我绝对不会搞错：起初她是一条毛毛虫，后来，过了许久，更加不可思议的是她变成了一只塑料袋——或者，更确切地说，一个夏日的午后，微风拂过一条满是尘土的小路，把塑料袋从我身边吹起。那天，我压根儿没有想起这位朋友，她已经离开人间 10 年了。然而，在看见塑料袋的那一刹，我立刻笑出了声。没什么明显的原因，它让我立刻产生了一种压倒性的认知——无疑，人类传统观念中的探访和重生应该算是最遥不可及的事情了。

直到几年后，我才知道，这样的经历在悲痛中十分常见。"美智子死后 / 我从没想过她会回来。"诗人杰克·吉尔伯特在《孤独》中这样描述妻子，"真奇怪，回来的她变成了 / 某人的斑点狗。"涉及见到、听到或感觉到死者之类的遭遇，被称为丧亲幻觉，约有一半以上的人报告说自己有过这种体验。(该比例在丧偶人群中甚至更高,并且随着婚姻时间的延长而上升。)没人知道它产生的原因,但是正如神经学家奥立弗·萨克斯曾经观察到的那样,它们与被单独拘禁之人、新近失明之人,以及那些在横渡海洋或长途极地航行中只能接触到单调风景之人经历的幻觉有一些共同之处。在所有这些情况下,或许也包括在承受丧亲之痛时,熟悉的感官输入突然被撤回,导致大脑会用之前一直存在却突然消失的东西来自行填补空缺。

很多经历过丧亲幻觉的人都不相信有来世,我就是其中之一。尽管我的幻觉很生动,但它们既不符合我对死亡的理解,也不能改变我对死亡的看法,挺奇怪的吧。如果说,它们令我更接近某种信仰的话,那也只是接近我对人类心灵的无限奥秘始终保有的那份信念。在任何情况下,它们都令人愉快、令人震惊,虽然也会有点滑稽,但它们更多的是世俗而非神圣。我从未感觉自己面前有天使或者幽灵存在,也没觉得这个世界和另一个世界之间的帷幔变薄了。但我更加没在自己的脑海中体验到这些互动。尤其是那些外婆责备我或者朋友叫我名字的声音,有一种完全不同于思想、记忆甚至梦境的外在性。从我对它们的分类上来说,它们似乎不属于离奇事件,相反,这是一种令人无比熟悉的感觉,就像是一种爱的形式,一种我此前从未获悉、直到历经悲伤后才体会到的东西。

出去寻找父亲时,我所寻求的正是这种令人欣慰的熟悉感:既然他去世后几个星期都没来找我,我想也许我应该去找他。我的初次尝试是在10月下旬的某个下午,天色灰暗、气氛沉闷,空气中初露冬天的迹象。五分钟后，我换了一种思路。我很少尝试这种徒劳无功的事情。它让我回想起自己九岁、十岁时开始做心灵感应实验的情景。就像我无法在房间另一头用意念让铅笔从桌上滑下来那样，我感应不到父亲。也就是说，这种方法不仅没成功，我也想不到任何机制、精神状态、行为举止，以及表达承诺或者承认需求的方式，可以让其成功或者当作成功前的一种练习。即便如此，在这两种情况下，我还是不停地尝试。

第二次也没有成功，始终没有奏效。我不知道为什么父亲去世后我就再也感应不到他的存在，而我却能感知到其他爱过并且悼念的人。尽管我知道，当宇宙以我一贯理解的方式运行时，我没有理由感到惊讶并否认。我一直认为这是人活于世颠扑不破的铁律：我们所爱之人死后将不复存在，就好比如果你翻倒水杯，水就一定会流出来那样。

我知道并非人人都秉持这样的信念。有些人认为今生今世已故亲人的在天之灵将守护着他们，有些人相信来生还能与之再续前缘。但我也知道，这种绝对的失去感不仅仅是不可知论者和无神论者的负担。C. S. 路易斯的妻子乔伊·达维曼因乳腺癌去世后，这位无比虔诚且知识渊博的基督徒写下了一本令人印象深刻的小书《卿卿如晤》。路易斯用笔名出版了它，因为他知道这本书可能会令自己虔诚的崇拜者徒增烦恼——不是因为它亵渎神灵，也不是因为他不再信仰上帝，而是因为书中对信仰的阐释根本没法给人带来通常的慰藉。"和我谈谈宗教真理，我会很乐意倾听。"他这样写道，"和我谈谈宗教责任，我也会洗耳恭听。但千万别来和我谈什么宗教慰藉，那样的话，我就要怀疑你不懂装懂了。"死亡未曾改变自我，往事重现，山河终无恙，海岸再重逢。"一切皆出自拙劣的赞美诗和石版画，"路易斯接着说，"《圣经》对此只字未提。"《圣经》的确没有许诺他死后可与妻子重逢，他确信自己不可能，因为他相信自己日夜渴盼的那位女子早已不复存在。"我仰望夜空，"他写道，"如果我能在如此广阔的时空里尽情搜寻，却无处寻觅她的面庞、她的声音和她的抚摸，还有什么比这更加确定无疑的事情吗？"在亡妻与自己之间，他只感觉到"紧锁的大门、铁幕、真空、绝对零度"。

这恰到好处地反映出父亲去世后我的感受。我花了那么长时间去寻找，却从未发现他的丝毫踪迹。自那以后的几年里，我曾在安静的时刻试图唤起他的存在，但始终毫无波澜，没有任何超出我自己的大脑和记忆的迹象出现。现在，身为他的女儿，我感觉手里好像握着一个自制的锡罐电话，可绳子那头却没有锡罐。他消失得无影无踪；他曾经所在的地方，空无一人。

悲伤反复无常

传统观点认为，哀悼是一个公共的、有组织的过程。我们出席葬礼，瞻仰遗体，在追悼会上与逝者告别，蒙上镜子，服丧一周，连续诵读一个月以上的悼词，穿一年零一天的黑色衣服。相比之下，悲伤是一种私人体验，不受仪式或者时间的束缚。民众智慧告诉你，它会分阶段出现：否认、愤怒、讨价还价、抑郁、接受。这可能是真的。想想看，古生代也是分阶段出现的：寒武纪、奥陶纪、志留纪、泥盆纪、石炭纪、二叠纪，它持续了两亿九千万年。

如同任何长时间持续的事情一样，悲伤无聊得令人难以置信（我不知道为什么人们不经常谈论它的这一方面）。我指的不是早期，那时的悲伤太剧烈，你得密集地重新安排全部的生活，没有容纳单调乏味的空间。然而，当你最终习惯它持续的陪伴时，那正是单调的伊始。我不记得它发生在父亲去世后多久，因为哀悼也同样打乱了我的时间感，但是我想，当我内心汹涌澎湃的悲伤终究变成一潭死水的时候，好几个月肯定过去了。它把生活弄得无聊至极，使我变得枯燥乏味，并且最重要的是，它本身也开始难以置信地令人厌倦。我记得有一天大声宣布自己有多么厌恶它，我指的是那种苍白、无精打采、凄凉且没完没了的悲伤。这对父亲来说似乎是一种冒犯，要知道，他可是世上最不无聊的人，也是最会浪费时间的人。他的离去以一种极度强烈的方式提醒了我这一点，这是一种珍贵且有限的天赋。但我既无法摆脱这种沉寂，也无法把他召唤回来。

更糟糕的是，这种无聊并不能使人免于承受反复无常的悲伤。人们认为"无聊"是"可预测"的同义词，但我却发现悲伤的过程既反复无常，又单调乏味。就这一点而言，它与父亲弥留之际，我在医院里的体验类似；情绪巨大、不稳定，生活逼仄、重复。好似压力、抑郁和身体疼痛，悲伤总是杵在那里，令我们不堪重负。每天一睁开眼，贷款尚未偿清；每天一睁开眼，背部疼痛难忍；每天一睁开眼，子欲养而父不在。每种气候都有相对应的天气，在苍凉的底色之上，悲伤让我感到很混乱——它不间断且微妙地受到许多不同因素的影响，而它们在任何时刻的表现都令我震惊不已。

例如，在有些日子里，我发现自己由衷地、深深地感觉无比美好。我尤其记得有一次在晴朗寒冷的冬日跑步回来时，内心充盈着旺盛的信念：我很好，一切都很好，我对父亲的一生充满了感恩，可以平静地面对他的死亡，同时意识到他给了我没有他也能活下去的一切。这些都完全正确，但要知道，悲伤中期产生的情绪是不可持续的。其他时候，我觉得自己好似幽灵般的美好幻影：宁静、茫然、运转良好、毫无感情。还有一些时日里，我被一种奇怪、毫无目标的焦虑填满，好像部分大脑已经忘记了父亲去世的事实，我带着与日俱增的恐惧四处寻找，想弄清楚究竟哪里出了问题。我觉得自己正在等待一件早已尘埃落定的事情，这令我心惊肉跳、心烦意乱。"从来没人告诉我，悲伤与恐惧的感觉如此相似。"C. S. 路易斯写道，"同样的忐忑，同样的焦躁、疲倦。"

我感觉到的另一件事是愤怒，尽管它有些微弱。痛失至亲的人经常会发怒，他们发泄的对象包括但不限于自己、上帝、世界的不公、去世的人、有勇气让伴侣或者孩子苟活于世的陌生人、头撞上敞开的橱柜门时那一阵突如其来且无法忍受的屈辱和宣泄。过去，我在悲痛时也曾感受过这种非理性的、汹涌澎湃的愤怒，但自从父亲去世后，我发现自己只能屈从于它乏善可陈的表亲：易怒。和睡眠不足一样，悲伤让人难以保持平衡，令人遗憾的是，父亲去世后我常常感到自己变得暴躁、不好相处。一些通常不会困扰我的小事却能让我"一点就着"：我明明在赶时间，杂货店店员却需要把经理喊出来才能完成交易；妈妈和我打电话的时候，忘记把电视机的声音调小。即使在这样的时刻，我也知道引燃自己的"导火索"并非真正的问题所在。我只是对新生活感到沮丧——我不得不面对父亲已经去世的事实，以及必须得为此悲伤。"真讨厌，父亲没了。"有一天，我这样宣布道。尽管事实的确如此，但我本来想说的是："真讨厌，手机没电了。"

在悲伤对我产生的所有影响中，我最不喜欢的就是这个。它向造成悲伤的失去表达了可怜的敬意，却让我陷入一种奇怪的、自我毁灭的情绪中，虽然微不足道，却带有一种邪恶的存在感。在我对父亲去世的诸多情绪反应中，这种感觉与悲伤的根本状态相去甚远——尽管就个人经验而言，悲伤的时候，痛苦往往会让人产生惊人的遥远感。在亲身经历之前，我认为悲伤是难过的一种形式，基本上是它的同义词，只不过更加极端。也许以某种隐秘的方式来说，这是真的；也许一路走来，我的其他感受——焦虑、疲惫、易怒、乏力——只是次生现象，它们由被掩盖的悲伤引起，却更容易被人们获得。但最终，这些都毫无区别。因为人们普遍认为，丧亲之人最常感受到的正是所有这些其他的事情。自从伊丽莎白·库伯勒-罗斯提出悲伤分类（最初用来描述面对自己死亡的经验，但现在被广泛运用于哀悼之人），人们就一直在争论她的悲伤的五个阶段的有效性和普遍性，并补充了其他一些阶段：震惊、痛苦、愧疚、反思、重建、希望。然而，无论旧模式还是新模式，都没将难过定义为悲伤的某种特征。

这个令人惊讶的遗漏准确地反映出我自身的经历。显然，对于父亲的去世，我过去经常、现在有时仍会感到深深的难过。我记得在那些被悲伤浸润的日子里，它是如此明显、纯粹，以至如果你问我最近过得怎么样或者发生了什么时，我唯一的回答就是："我真的很伤心。"我还记得，在其他日子里，这种感觉会以一种更可怕的形式席卷我——我以为悲伤会像海啸一样，咆哮着将我淹没在丝毫未减的失去之中。但无论是深潭还是海浪，都不是悲伤的常规配置。

相反，我发现从各种意义上讲，悲伤都是一件很脆弱的事情，它是好战大陆上的中立小国，其边界经常被更加挑衅的情绪所侵犯。我也发现，它不可思议地鬼祟、奇怪地不顺从；它很容易逃匿，也不能在违背其意愿的情况下被人唤醒。我可以追忆父亲，我可以缅怀父亲，我可以深爱父亲，却无法随心所欲地挑选为他难过的时间和地点，就像我不能挠自己痒痒或强迫自己恋爱一样。它在我心中不由自主地升起，有时我只能在事后推断其产生的原因，或者它是由某种完全与我无关的原因引起的。这些很少出自假期、父母周年纪念日或者必须参加葬礼等可以预见的诱因，对于这些我其实都能提前做好心理准备。相比之下，能够令我崩溃的事情几乎总是出乎意料，而且通常是隐晦的——就像父亲去世一年多后的某天，突然一瞬间，笔记本电脑上的文字在我眼前变得模糊不清，咬进嘴里的那口百吉饼味如嚼蜡，而这仅仅是因为坐在曼哈顿一家咖啡馆里的我，无意间听到一位男士对和他一起吃午饭的人说:"我希望女儿能多给我打打电话。"

我有时会渴望拥有更多这样的时刻,身处其中,悲伤像夜晚的河流一样穿过我的身体,它黑暗、清澈,不受任何潜在的其他情感污染。然而,诸如此类的事情往往并不遂人愿。如果我们能召唤悲伤,就也能驱除它,但悲伤带来的全部教训是,我们并非掌控全局之人。有关丧亲之痛的书籍、手册和网站中充斥着如何"走出悲痛"的建议,的确,我们可以采取更好或者更糟的方法来应对至爱的离世。我拼尽全力朝着更好的方向行进:不独自哀悼,不过久地待在室内,不麻木不仁或者否认痛苦,不过于经常或者长时间地忽视家人、朋友、身体、工作,以及世界上的其他事情和需求。我相信这一切皆有益处,哪怕只是阻止事情变得更糟。但即便是在这些自我照顾的行为中,我也从来没感觉到自己正从悲伤中走出来,尽管这句话里暗含着一种大步向前的力量。我感到悲伤在体内蔓延,它是一股完全狂野、不受控制的力量,像一头美洲狮或者一场风暴那样不被我的意志左右。和所有真正的野生动物一样,悲伤势不可当,近看有时令人恐惧,远看却奇怪得引人入胜,从该词的传统意义上来说,它鲜明且令人敬畏;当它再次消失,尤其是当其不可预测的出现间隔变长时,我甚至会倔强地渴望它的回归。

我认为,大多数人都有点害怕停止悲伤。至少我是这样的。无论悲伤有多么可怕,我们都明白它是爱的化身,因为它与我们哀悼的人享有共同的特征。也许在生命中,有那么一天,你就被一顶褪色的蓝色棒球帽、一个装满针织用品的大手提袋,或者勃拉姆斯钢琴协奏曲的声音压垮了。就我而言，我曾被父亲的一堆衬衫感动得泪流满面，它们静静地堆放在父母卧室的一角，等着被捐赠；墙上挂着一个锃亮的木制挂钟，与我幼时在他律师事务所里见到的那只一模一样，当它突然唤起我许多童年的回忆时，我震惊不已；一本破旧的《米德尔马契》，书中间有道折痕，书脊都折断了（父亲习惯把平装书折成两半阅读，就像纽约人喜欢把比萨饼折起来吃一样，有种条件反射式的心满意足）；还有一包浅绿色的箭牌口香糖，小纸套里的银箔纸已经空了一半。奇特的是，所有这些看起来像是悲伤挥舞的武器的东西，实际上对我来说却妙不可言——这些记忆奇怪、具体，像是欢迎从过往之地长期流亡的故人归来。悲伤之所以如此诱人，部分原因在于它似乎能给我们提供生活不能再现的东西：一种与死者持续存在的、强烈的情感连接。因此，我们很容易感到，一旦这份黯淡的礼物消失了，所爱之人也会以某种方式远离我们。

因此，这就是我们与悲伤造成的痛苦之间奇怪的关系。初期，我们只希望它能快点结束；后来，却害怕它消失；最终，当悲伤开始缓解时，似乎也没有减轻，因为在好转的最初阶段，你也会有一种失去感。诗人菲利普·拉金曾经这样写道：

> 树木吐出了新叶，
> 好似某物呼之欲出；
> 初绽的新芽肆意舒展，
> 点点翠绿正是一抹忧伤。

循环的哀悼,即悲伤本身带来的悲伤是完全正常的,它可能无法避免,但同时具有误导性并且无济于事。感觉糟糕并非光荣,感觉好转亦不是背叛,无论你的悲伤有多么阴暗、苦涩和寒冷,它都永远无法保存你所哀悼之人的任何点滴。不管有时感觉如何,它从未能令人起死回生,甚至连在记忆中都做不到。如果说有什么区别的话,那就是死者恒亡:最终,如果你无法停止哀悼,所爱之人将变得仅余悲伤。

悲伤褪去后

失去所爱之人是一种让人难以承受的体验。只有在恐怖的悲伤浪潮退去,留下各种奇怪的东西之后,它才开始充分展现出"庐山真面目"。比如,我不曾料想,在医院的最后几周里,我最难忘的居然是父亲的沉默。尽管当时这令我困惑不安,但不像现在这样吸引我大量的情感关注。我们还有许多要做的事情,他身体的许多关键系统都岌岌可危,海量的时间被花在讨论一些看似紧迫的问题上,然而最后,它们都变得无关紧要——他的余生都要在透析中度过吗?我们需要将长期护理提上议程吗?——他那神秘的失语症状似乎不是最迫切的问题。毕竟,从来没人因为沉默而死亡。

然而，如果真的有人以这种方式丧命，那他很可能就是我那热情、健谈、在多种语言之间自由切换的父亲。他的沉默与他本来的性格天差地别，与其所持有的生活态度格格不入，所以现在回想起来，我觉得早就该洞悉其中蕴藏的"言外之意"了。相反，我尽己所能地去弥补平衡。我和家人一起坐在父亲的床边，陪他聊天，给他背诵诗歌，用笔记本电脑播放音乐，用柴可夫斯基、肖邦的作品和贝多芬的《欢乐颂》填满整个病房。这些都是他喜欢的，也是人们用思想、情感和声音创造的非凡杰作。我那时希望并且现在仍然希望：他能听见这些，也能理解它们。如果这样的要求太高了，也可以退而求其次。我希望他能听见，再度发觉它们的美妙，重温初遇时的"怦然心动"。如果这些都不行，我希望他至少能获得心灵的平静。

父亲那双熟悉的棕色眼睛，默默地追随着我在病房里四处走动的身影：现在每当我想起他的弥留之际，脑海里总会浮现这一细节。我常常想知道，这双眼睛里究竟藏着什么。很难说他的沉默是否反映出一种更深层次的崩溃、思想本身缓慢的分崩离析，或者这仅仅是他与世界决裂的结果——某种界限消失了，或者某种长期的联系被切断了。沉默是内心的还是外在的？或者，对他来说，就好像在朦胧的夜晚隔着窗户窥视一间亮着灯光的屋子，屋内灯火通明，屋外黑天摸地。我不知道。而且我不知道这无解之谜为何会如此困扰我。最后，我们总归会撒手人寰，遗忘自我，离开和遗忘，谁在前谁在后其实并不重要。我甚至无法告诉你我觉得哪一个更为凄凉。

在古罗马神话中，有一位名叫塔西塔的死亡女神，她总是沉默寡言。据古罗马诗人奥维德表示，为了在亡灵节供奉她，虔诚的信徒会献上一条缝了嘴的鱼。这样的祭献恰到好处。死亡将所有人的嘴缝合起来，有关它的一切都无法用语言来表达。死者不会说话，生者无法直接谈论死亡，甚至连找到表达哀悼之情的恰当词语都极其困难。你从悲伤中了解到悲伤究竟为何物，但这其实是一种孤独、陈旧的知识，难以描述，几乎每个细节都被定制好了。父亲去世后，我懊恼地发现，要安慰一个命不久矣的人时，我有多么无能，连任何比陈词滥调更准确或者更有帮助的话都说不出来。这种情况甚至也发生在我和姐姐聊天的时候，看到她难过比我自己悲伤更令我痛苦，毕竟姐姐是这个世界上唯一以女儿身份哀悼父亲的另一人——即使在那个时候，我也不认为自己说过任何安慰或者有用的话。现在，我能想到的是，在父亲去世几个月后的一个下午，我们姐妹俩通了一次电话。在悲伤地承认我们都非常想念他后，彼此陷入了沉默，只说了一声"啊"。

这是一个具有代表性的音节。噢、啊、哎呀、天啊：在不那么可怕的日子里，那些发音不清、字面上毫无意义的小感叹词就相当于悲叹和恸哭。即使悲伤没有将我们摧毁，它也会嘲笑我们运用语言来表达世界的能力。悲伤的核心是一个残酷的事实：灭绝、离去、荡然无存、随风而逝。这太明显了，以至不值一提；也太可怕了，以至我们不能如常、任意地表达自己的感受。撕扯头发、咬牙切齿、抓破衣服，这些都是可能存在的冲动，但上流社会通常对这种行为嗤之以鼻，它有效却滑稽得与规矩格格不入。你去单位上班，参加迎婴聚会，告诉别人自己还打得住，谢谢关心。然而，表面上安然无事的你内心却在滴血，因为深爱之人已经奔赴黄泉，经受着世人难以想象的一切。

我想，这就是父亲的沉默始终与我如影随形的另外一个原因：因为它依然与我相伴。这是一种永久性失去的先兆，这种失去如此彻底，以至我一时无法理解它的真正范围。然后，在我只能从诗歌中寻找慰藉的悲伤初期，某天晚上，我的伴侣让我坐下来，为我诵读《横渡布鲁克林渡口》。在诗中，沃尔特·惠特曼站在船上，轻倚栏杆，他所处的地点恰巧就在父亲初次看到纽约港之地的北边，惠特曼游目骋怀，极视听之娱。他的视野是如此开阔，将码头、风帆、盘旋的海鸥，以及横渡渡口的过客们尽收眼底：前世凭栏远眺的人们、今生擦肩而过的人们、来世为他守护身后事的人们——在诗中，他并没有预见这么多的东西，而是通过一种狂野的、令人费解的上帝视角来追忆似水流年。"后之视今，亦尤今之视昔。"他和蔼地告诫道。

就这样，半浸诗中、半陷悲伤的我在对失去的理解上表现出可怕的狭隘。对于父亲，我最怀念的是和他聊天、开怀大笑、为了听取他的意见而分享我的想法和感受，那是透过他所看见的生活，在父亲心灵之光的照耀下，它显得高尚、深刻。但我在一刹那间意识到，我将永远无法企及那些随着他的死亡而消失的最重要的东西：他眼中的生活，以及我们所有人从内到外的生活。就算我把所有与他相关的记忆叠加起来都比不上他存活于世的小小瞬间，我的全部失去与他失去的生命相比黯然失色。和惠特曼一样，父亲对生活的热爱热烈、彻底；他一定是不愿、极其不想，才抛开了一切——不仅包括他挚爱的人，也包括从此岸至彼岸的全部。

这是一场惊人的、意识的破灭。我知道,从任何一个角度来看,这都是所有失去中最常见的,从有历史记载以来,它每时每刻都在重复。但若是近距离观察的话,你会发现整个宇宙都瞬间消失了,真是太令人震惊了。我失去了父亲,父亲失去了一切。他在医院里的沉默预示着绝对的失去:思想的终结,自我的毁灭,不再身处港口、城市、诗歌、世界等一切事物之中。"他成了自己的仰慕者。"诗人W. H. 奥登为悼念叶芝写下这样的诗句。现在父亲留下的仅剩我们这些深爱他的人了。

来不及

以往每年11月,我们全家人去姐姐家过圣诞节的时候,父亲都会把她家客厅里的一把椅子据为己有。抵达后不久,他就开始坐在上面,持续长时间或短时间地霸占它,直到离开或吃饭的时候,偶尔会沿着走廊散步至外孙女的房间,给她讲睡前故事,活灵活现地讨论洋娃娃和毛绒玩具国度里发生的时事热点。早年,父母会亲自张罗这个节日,然而在他垂暮之年,由于平衡能力变差、背部不适,再加上"超长待机",父亲再也不能在厨房做事了。有一次,他从椅子上站起来打算前去帮忙,大家却众口一词地命令他坐回去。他只得宣布:"我已经成了一件装饰品。"

无论是从贬损还是赞美的角度来说,父亲都并非常人口中的"花瓶"。只要有他在的地方,气氛就会变得很活跃。感恩节时,他会整天坐在专属座位上,既没有力争成为社交中心的惊人举动,也没有滔滔不绝的长篇大论。尽管如此,他还是成了家人们心目中当之无愧的"哲学之王"。当我们一起懒洋洋地坐在客厅时,他会兴致勃勃地一人分饰许多角色:父亲、外公、学者、自作聪明的人、提问者、仁慈的审判官和司仪。我们忙着做饭、工作或出去散步时,他会把眼镜推到额头上,然后继续看他正在读的书——《古人的希伯来语》(*Hebrew for Ancient People*)。有一次我问他,他还开玩笑说:"这是个浑然天成的双关语。"[1]

"哪里有他,哪里就什么都没有。"我曾这样描述父亲。这是真的,但要注意的是,"什么都没有"并非一种中性的空白。在我屋后的小路上有一棵树,有一次我看到一只猫头鹰停在上头;现在,每次经过它,我都会不自觉地仰头观望。这与死亡后留下的虚无有些像:猫头鹰不知何处去,此地空余旧枝丫。从父亲过世后的第一个感恩节开始,每当我看到那把椅子,都会想起坐在上面的他。勾人回忆的绝不只有这把椅子。父亲已经无法像过去那样无处不在、确凿无疑地出现在我的日常生活中了。我想这对每个痛失所爱的人来说都是一样

---

[1] 犹太人是一个古老的民族,父亲以"古人"自居,暗指自己的年纪也很大了。——译者注

的。失去亲人意味着你此生只能生活在一份永久的缺席中。

这听起来令人不安，但起初确实如此。几乎从他去世的那一刻起我就明白，一心希望女儿们能够幸福快乐的父亲，绝对不会希望我在追忆他时深陷悲痛。然而，打那之后的很长一段时间里，从两种意义上来说，我的世界都变成了一个消极空间：一份再也没有父亲的地图。地图上不仅包括所有他常待的地方，比如那把椅子，还包括所有他永远不会去的地方。父亲去世后不久，我开始和一位年长的朋友聊天，他告诉我，他的父亲还活着，已经 94 岁了。我不记得自己是怎么回答的，也不知道是怎样把对话继续下去的，因为我的脑海里只能想到：他的父亲比我的父亲多活了 20 年。父亲本可以再陪伴我 20 载春秋——这是一段不可估量的延长，我们可以再携手共度近一代人的时间。

这种时间上的换算是悲伤中常见的一部分。无论你所爱之人何时离世，总有一连串的"来不及"：参加你的毕业典礼、在你的婚礼上献舞、参观你的新房子、看看你创造出的生活、阅读你写的书、陪你的孩子玩耍。即使那些明天会发生的事情本身很美好，但在某人去世后想起这样的场景却令生者痛苦不已。悲伤让我们晕头转向，变得只敢转身面对过去，因为我们剩下的只有回忆。但当某人去世时，我们哀悼的当然不是过去，而是未来。这是我和朋友聊天时所意识到的东西：从父亲离世起，我生命中发生的一切，他都不会再看到了。

结束悲伤需要很久，而意识到这一点则需要更长的时间。悲伤周期太不可靠，整体状况变数太多，缺乏确定性。你仍在哀悼还是只是心情糟糕？你是否跨过了那道标志着丧亲之痛结束、悲伤开启的模糊界线？你可能将在余生中断断续续地感受到这样一种情感。这其实很难说，尤其是因为即使最坏的情况已经过去，或者似乎已经过去，却仍然没有什么力量能够阻止它的回归。悲伤的重复率高得令人震惊，当你认为它真的彻底结束的时候，却很容易发现自己又重新陷了进去。不过，几乎对所有人来说，它最终还是会消失殆尽。在某些时刻，通常是在你回顾往事时，才突然意识到它已经不存在了。

然而，这并不完全适用于所有你爱的人去世后留下的遗憾。当缺憾最终被悲伤以外的东西填满时，你就会产生不一样的感觉。我几乎每天都会留心父亲缺席的那些地方。它们在照片和我阅读的书籍之中，在我自己撰写字句的声音和思想的形态之中，在妈妈和姐姐的身上，在镜中我的脸上，在梳妆台最上面抽屉里他那熟悉的钱包里——父亲总把钱包弄丢，它现在安全了。有些缺席令我心存感激，它们使我想起父亲的为人，也让我有机会找个借口停下来想念他一小会儿。有些却仍然留给我一种惆怅、虚幻的感觉。有些，比如那把椅子，会成为一份寻常的纪念品；还有那支我无须点燃的蜡烛，因为和他在一起时它总是明晃晃的。总的来说，所有这一切都是为了让这个世界的不完整稍微减少一点点。和父亲不同的是，它们还在这里，并且我想它们会永远存在，像与之承载的爱意和思念一样经久不衰。这正是失去最基本的悖论：它从未磨灭，永不消失。

第二部分 遇见

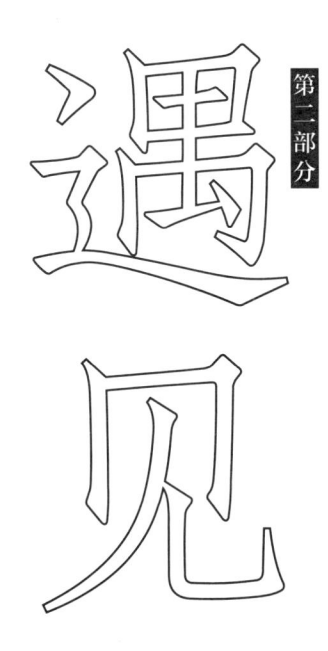

"遇见"总是以两种形式出现。第一种是"复得":我们可以找回之前失去的东西。第二种是"发现":我们可以发现过去从未见过的东西。

发现陨石：一个真实的故事

我心里一直珍藏着这样一个真实的故事：有个名叫比利的 11 岁小男孩，差点儿被一颗流星击中。这件事发生在夏天的某个周日晚上。礼拜归来，他和父母一起坐下来吃午饭。饭后，比利穿过一个牧场和一片玉米地，来到了约翰逊家的农场。罗杰·约翰逊和比利同龄，对他俩来说，夏季的周末本身就是一块开阔的旷野——没有大人的管束、开学遥遥无期、白日漫长无边、黑夜很快终结。他们玩弹子球，爬树，把丢在地上的玉米棒子当作弹药进行玉米棒子大战。当战斗升级时，他们在棚屋和废料堆里翻找，在两棵小树之间钉上一块木板，在上面拉了一根自行车内胎，并宣称这个奇妙的装置是个火箭发射器。只有当鸟儿的叫声变得嘶哑、天空中的光线开始消散时，比利才会和罗杰说再见，然后回家去挤牛奶。

童年世界广袤无垠。即使是一个毫不起眼的郊区后院，也有潜藏的危险和群雄争霸的王国。在比利成长的地方，邻居与邻居之间相隔上百英亩的土地，步行回家的一路上仿佛跨越了不同的时代和文明。唯一比陆地还要广阔的就是天空，它填满了平坦的地面无法占领的空间，几乎完美地从这道地平线延伸至另一道地平线。有些日子，大人派他和罗杰把奶牛赶过马路，他们会和奶牛们一起躺在牧场上，看天上云卷云舒：寂寞的巨龙展开尾巴，一头狮子仰卧在那里，深灰色的苍天就像暴风骤雨下的大洋，移动得很快，和新翻耕的土沟痕一样整齐。有些晚上，做完家务后，比利会独自坐在谷仓后面，看星星升上天空，起初是一颗接一颗，之后就开始成群结队地出现，在广袤的星群中，千万个新来者高擎火把，聚集在另一片遥远得不可思议的苍穹中。

然而，这天晚上，当远处的天空刚刚开始变暗，第一批星星几乎还看不清楚的时候，信步走在回家路上的比利突然转过身来。在后来的岁月里，他也说不清自己为何会这么做——也许只是一时心血来潮，突然产生了小孩子般倒着走路的冲动，或者眼角扫到了什么动静，抑或是听到了某种他无法辨识的声音。你无法听见附近陨石坠落的声音，就像你听不到苹果从树上掉下来一样。然而，你可以听见地球对它从高处落下时的反应。陨石产生的电磁能量是如此强烈，以至当它被树木、篱笆桩、眼镜、头发等其他物体吸收时，就会升温、膨胀，产生各种奇怪的声音。据陨石坠落目击者描述，他们听到了鸣笛声、噼里啪啦声、隆隆的杂声、嘶鸣声、油煎食物时的咝咝声和大炮的轰鸣声。由于这种强烈的能量也会引起气压变化，一些物理学家和行星科学家认为，即使是失聪之人，有时也能"感觉到"陨石坠落。

尽管不知道究竟是什么原因促使他这么做，但当比利转身时，他发现有个东西从天空中疾驰而落。它又小又黑，正朝他砸来；他吓了一跳，转身就跑。可当比利最后停下来，定睛细看时，那家伙已消失得无影无踪。他沿着原路往回走，试图找到它的踪影，但他看得越久，就越看不清楚，最后他放弃了，在越来越黑的夜色中走完了回家的路。第二天，比利又出去了。他并不知道自己要找的究竟是什么，直到看见了它，立刻恍然大悟——他双手捧着的物体光滑冰冷、异常沉重，在寻常的泥土中显得格格不入。它与其坠落的无垠宇宙同样令人激动——他找到它了！

幸运感

找到东西是一件多么令人惊讶的事啊！擅长此道的孩子们十分清楚，并且自然而然地乐在其中。这主要是因为世界对他们来说是如此陌生，以至他们会不由自主地注意到新的发现。你可能会听到一声欢快的叫喊："妈妈，快看我找到了什么！"即使那个东西只不过是门前台阶上的香蕉蛞蝓尸体。他们这样想是对的。发现通常是有益的，有时也令人十分兴奋：与旧物重逢，与新物相遇，这是自我与宇宙中遗失或者神秘之物幸福的相见。

诸如此类的会面清单可以填满远大于本书容量的书籍，因为遇见和失去一样，是一个巨大的类别，里面满是从金币到上帝之类的看似毫不相关的内容。我们可以找到的东西有：掉在沙发垫子里的铅笔，遥远太阳系里的新行星，还有一些根本不是物品的东西，比如内心的平静、小学同学、问题的解决方案。除了自己的生命，我们可以找到从未丢失的东西（比如找到一份新工作或者一家简陋的烧烤酒吧）；我们也能发现隐藏得很深，以至从未有人想要去寻找的东西（比如发现胶质细胞或者夸克）。

尽管种类纷繁，但"遇见"总是以两种形式出现。第一种是"复得"：我们可以找回之前失去的东西。第二种是"发现"：我们可以发现过去从未见过的东西。复得基本上可以消除失去带来的影响，它是一种对现状的回归，对世界秩序的恢复。而发现可以**改变**世界，尽管它没有把旧东西还给我们，却给了我们一些新东西。

这些结果听上去都不错，但两种"遇见"都无法始终如一地兑现承诺。找回一只洗了15次就不见的袜子可能会让你略感满意（看似是胜利的解脱，实际上却是恼怒的结束），但它不会让任何人产生幸运感或者敬畏感。更糟糕的是，有时我们会发现自己并不希望看到的东西，比如放射科医生做X光检查时发现了癌症病灶造成的阴影，儿子在研究自己的遗传基因时发现父亲和另一个女人生过孩子。但对于以下这个相当稳健的规则来说，这些都是例外：在大多数情况下，发现令人愉快，失去则不然。

事实上，发现有时远不止令人愉快；有些发现可以彻底地改变我们的生活。千古艰难唯一死，许多因素令父亲的去世变得让人难以接受，但有一件最重要的事情给了我承受这一切的力量：在他去世前一年，我坠入了爱河。以下大部分的篇幅即是对这段经历的描述。但是，就像每个悲伤的故事都是对失去的清算，每段爱情故事都是发现的纪事，是一部有关惊人发现的私人史。因此，就像父亲去世令我开始思考大失去和小失去之间的关系一样，爱上一个人让我思考发现真爱与发现其他任何东西这一更广泛的行为之间究竟有何共同之处。

我已经提到了"发现"这个更广泛的行为最重要的特点之一：它几乎总是令人心情舒畅。当我们发现的东西具有明确的价值时，这一点更加显而易见：在停车场邂逅真命天子、找回丢失的日记本或者100美元，简直不要太美了。然而，"发现"这一行为本身也具有价值。比如，几年前，我开车回家时兜了个弯，发现了一家从未见过的旧货商店，浏览了里面唯一一个布满灰尘的书架后，我花了一美元买下一本漂亮的初版诗集，上面还有作者兰斯顿·休斯的亲笔题字和庄重签名。我怀疑自己再也无法偶遇这么有客观价值的东西了，但这一发现之所以令人兴奋，并不仅仅因为诗集的文学价值。如果我从一位珍本书商那里买到休斯的书，尽管拥有的东西完全一样，感觉却截然不同，这当然不仅仅是因为我得花更多的钱才能买到它。这本书的非凡之处不止于其本身，还在于它被发现的地方——它藏身于一箱箱渔具、爱格牌涂料罐和成堆的空相框中间；再加上一个不太可能的事实，就是碰巧我也在那里。

就算忽略所有发现之物的内在价值，你也会意识到"发现"这一行为的内在价值仍然存在。就在同一家旧货商店里，我后来又得到了一小条铸铁鲸鱼，它只有不到 13 厘米长，花了我 25 美分。我之所以珍爱它，只是因为它令人愉快的重量，以及把它从世界漂流物中打捞出来的满足感。在这一点上，我并不是唯一一个有这样感受的人。除了节衣缩食的经济需求，满足感是数以百万计的人首先考虑光顾旧货商店和后院大拍卖的主要原因：即使是发现相对不值钱的东西也很有意思。

事实上，作为逗乐孩童的主要方式之一，发现行为本身非常有趣。北达科他州的车牌本身并没有什么固有价值，但当你家 10 岁的孩子在历时 6 天、横跨 49 个州的公路旅行后，终于发现了一个北达科他州的车牌时，其价值就得到了充分彰显。同样的逻辑也适用于捉迷藏、夺旗游戏、"沃尔多在哪里？"、单词拼写，以及其他无数的游戏……除了带给人发现的乐趣，它们不会给玩家任何奖励。同理，该逻辑也以最纯粹的方式适用于硬币和四叶草，我们总是教育孩子要珍惜它们，将之视为护身符。尽管诸如此类的东西本身几乎没有价值，我们却认为它们是幸运的化身，能够找到它们本身就是一种幸运的象征。

这种幸运的感觉几乎构成了每次发现之旅的本质，尽管如我之前所说的那样，这种经历在其他情况下是非常多变的。有时它表现为复得，有时则是发现。有时，它看上去甚至和学习很像。还有的时候，它看起来像成长，因为生命的大部分意义来自那些随着我们年龄的增长所必须去追寻的东西，比如朋友、幸福、目标、职业、灵魂伴侣和我们自己。然而，就其核心而言，发现一些事物与6岁孩童在地上发现一枚硬币且将此刻珍藏于心的时刻，并没有什么本质上的不同：你站在那里，看着瞬息万变的世界中闯入了一缕明亮的微光——旧货商店的小玩意儿、聪明点子的灵光乍现、你即将迎娶的命中天女——它们成功地引起了你的注意。

陨石的来源

正如硬币和四叶草一样，流星也是一种幸运符，这就是我们会向它们许愿的原因。但这种习惯只是强大传统的逊色版本。纵观人类历史，陨石虽然鲜为人知，却被公认为非凡的象征，享有近乎神圣的地位。早在铁器时代开始前的一千年，古埃及人就在陨石中发现了金属，掌握了它的来源（有一个象形文字意即"来自天空的陨铁"），并开始将其用于仪式场合，包括用它来制作陪同古埃及法老图坦卡蒙一起埋葬在坟墓里的匕首。早期希腊人在以弗所古城的阿耳忒弥斯神庙中保存了一块圣石，尽管很早以前它就销声匿迹了，但人们普遍认为它就是一块陨石。另外一颗，据说是亚当与夏娃时期从天上坠落的，它已经在麦加大清真寺的一面墙体上保存了1500年。在日本直方市的神社里，有一颗于公元861年掉落到寺庙地面上的陨石，一直以来吸引了络绎不绝的游客朝拜。生活在俄勒冈州威拉米特河畔的克拉克默斯人，在被迫离开故土的漫长岁月里——就算没有上千年，也有好几百年，他们将一块重达1.36万千克的陨石视为上天赐予的礼物，在出征前，总会用陨石坑里的积水来清洁、治愈自己，并且在剑上抹油，祈求获得神力。

在很长一段时间里，这些奇怪石头的起源一直是个谜。有些对科学或者神学深信不疑的人，不愿意相信宇宙碎片会从天空坠落，而坚持认为陨石本就来自地球。（这些怀疑论者中也包括托马斯·杰斐逊。他曾认为，很难解释陨石是怎样在康涅狄格州降落的，而"要想解释它是如何从原有处坠落并且进入云层的"则更加困难。）其他人认为陨石来自太空，但对具体来自哪一块区域持有不同意见。直到进入20世纪，谜团才得以解开。我们现在知道了，有些陨石来自月球或火星，还有一些可能来自彗星，但它们中的绝大多数（约99.8%）来自1.6亿多公里外的小行星带：这是一个巨大的环恒星垃圾场，里面充满了约45亿年前形成的原行星的破碎残骸，彼时太阳系尚处于婴儿期。

每隔一段时间，残骸中的一些碎片就会被推出轨道，这通常是由于与另一颗小行星碰撞或者是受到了火星、木星的引力影响，然后碎片开始向地球移动。在长达700年、1000年甚至2000年的漫长时间里，碎片沿着奇怪的新路线前进，脱离了秩序，在整洁的宇宙中划出一道狂野的轨迹。当它以每小时26万公里的速度进入大气层时，表面就开始摩擦蒸发，身后留下一串发出白热光芒的气体流——这就是流星快速移动的痕迹。当它抵达低层大气时，原有的大部分岩体已经燃烧殆尽，火球也自行熄灭了，之前华丽的物体变成了一块普通的黑色岩石，坠向地球。除非它异常巨大，否则在着陆时不会引燃任何东西，或者，具体而言，它炽热的旅程不会留下任何明显的迹象。陨石表面在坠落过程中迅速融化，内核却仍然和外太空一样寒冷。因此，陨石坠落时，如果你碰巧就在附近，完全可以马上把它捡起来，不用担心被灼伤。

但这是一条你基本上永远都用不到的建议。如果说比利很幸运地发现了那块陨石，那就太轻描淡写了：大约每两万年才有一块陨石坠落在地球的某一处。很有可能，陨石最后一次着陆的地方就在他附近，在那片他知道有乳齿象出没的玉米地里。

这似乎是罕见的流星带给我们的启示，但它确实是来自浩瀚星球的教诲。每年约有 4.2 万块陨石撞击地球（如果把那些重量不足 10 克的陨石也算上，数量会更多），但是几乎所有的流星都降落在鲜有人发现的地方，97% 的地方要么被水覆盖，要么人迹罕至。只有不到千分之一的流星——也许每年五六颗的样子——坠落时会被人看到，并且被迅速找到。像比利那样发现并找到一块陨石的概率大约是十亿分之一。

话说回来，再次失去它是一种耻辱：后面我将详述那块陨石的下落，以及发现它的那个男孩的命运。但在此之前，我们有必要谈谈他是怎样发现它的，以及更笼统地说说在浩瀚的宇宙中，渺小如尘埃的我们究竟是怎样发现东西的。

两种发现：寻找和碰运气

一般来说，找到东西有两种方法：寻找和碰运气。有时候，我们的发现完全是偶然的，就好像是东西发现了我们，不知从哪里闯入了我们的生活。因此，人们在艾伯塔省南部偶然发现了霸王龙的骨骼，在法国的农舍里发现了一幅遗失已久的卡拉瓦乔的画作，在二手书店的园艺区发现了一本初版的《草叶集》。另一些时候，我们之所以能有所发现，是因为刻意寻找，在世界的旷野上一厘米一厘米地不懈寻找。特洛伊古城遗迹、脊髓灰质炎疫苗、住在爱沙尼亚农村里的远亲：如果没有认真和持续的努力，我们就无法找到诸如此类的东西和人。

这两种发现方式——通过搜索或者偶然发现——并非相互排斥。当一块陨石坠落地球，运气爆棚的比利碰巧就在现场；然而他跋涉了好几个小时才找到它。这代表了许多发现的过程。虽然它听上去自相矛盾，但其实是有道理的。我们必须经常广泛地寻找自己最初于偶然间不经意发现的东西。例如，1974年，来自中国陕西省的几位农民在挖井时意外地发现了一些不同寻常的东西：陶俑的碎片。它们作为中国首位皇帝秦始皇陵的一部分，被深藏地下长达2000多年。后来，此举成为考古学史上最伟大的发现之一，可是几代学人和工作人员花费了半个世纪才发掘出其中的一小部分：大约8000个真人大小的士兵、马匹、战车和其他人物一起组成了兵马俑。

实际上，搜寻和运气往往相互作用。然而，从心理层面而言，两者截然不同。找到努力寻找的东西会让我们觉得世界至少在一定程度上以人的意志为转移：经过努力，我们可以有所发现，发现本身就是对辛勤劳作的合理回报。相比之下，偶然发现某样东西会让我们觉得自己受制于世界的意志。就像无法解释的失去会让我们想起妖精和虫洞一样，意料之外的发现会让我们联想到命运、因果报应、天意和上帝之类的东西。奇怪的是，发现越是特别惊人，我们就越容易被这样的解释所吸引。这是人类大脑工作方式的一个奇怪特征：一些受人欢迎的进展越是疯狂得不可思议，就越像是命中注定的。在某个惊人的发现面前，我们会感觉自己正在面对统治宇宙的力量。

尽管这听起来挺了不起的，但你可能对自己的幸运发现也有同感；就我的经验而言，基本上正是如此。比如，许多年前，我在哥斯达黎加生活和工作时，一位朋友来拜访我，我们一起在奥萨半岛徒步旅行了一周。这里位于该国的西南部，是一片拥有丛林、海滩和红树林沼泽地的壮观天然区域。第一天，我们沿着小路渡过一条宽阔的棕色河流，穿过一片杂乱的森林后，突然走到了海岸线上。当时正值退潮，海水落下后露出了一块巨大的石板，呈现出了一道奇特的景观：石板大体是长方形的，板缝间有一条狭窄的白沙通道。我们卸下背包，把它们留在海滩上，然后走到很远的地方，挨着彼此躺了下来，每个人都躺在一块巨大的石头上面。我们躺在那里聊了大约有一个小时，直到下雨才准备离开。雨点拍打在我们脸上，让人感觉生疼，它们落在石头上，酷似电影《咔蹦！》（*ka-pow!*）中又黑又小的卡通人物。我们站起来，一场暴风雨正漂洋过海袭来，我们只好赶紧拾起背包继续前进。过了很久，天空放晴，我们已经顺利抵达另外一片海滩。朋友这才意识到，我们躺着聊天的时候，她摘下太阳镜，把它放在了身边的岩石上，刚刚因为冒雨匆忙离开，太阳镜被留在了那里。

我们一起眺望大海。这时，潮水又涨了回来。巨大的绿色卷浪欣喜若狂地拍打着海岸。层层叠叠的泡沫转着圈儿向我们涌来，在脚边短暂地沸腾后，再度退去。更远处，太平洋变成了深蓝色，然后出现了一块平坦的、洒满了阳光的石板，一直延伸到目力所及的尽头。我们开怀大笑，墨镜之事就此作罢。然后，因为当晚我们必须返回营地，并且因为之前在岩石上耽搁过久，我们很可能会因为涨潮而寸步难行，于是我们转身原路返回。

等我们再次抵达第一个海滩，它已面目全非。之前躺过的那些石头，深陷30多米外的海里，没人知道下面究竟有多深；潮水涨得如此之高，巨浪拍打着丛林茂密的下层植被。相比之下，我们的精神却逐渐萎靡。我俩饥肠辘辘，在烈日的暴晒下疲惫不堪。令人愉快却漫长的徒步旅行即将结束时，我们对"难啃的"最后几公里做好了充分的心理准备。我们一边走一边抓着树枝保持平衡，每次袭来的海浪直达我们的腰部，海浪里裹挟着的浮木和椰子把人砸得生疼。身后的朋友喊我的名字时，海浪令我几乎听不见她那急切且奇怪的声音。她比我高一个头，能看到我看不到的那些困在树枝和海藻里的东西。我转过身，她正戴着那副太阳镜，上面还挂着一束海藻，像是她在归途中的偶然所得。

在这样的时刻，无论你是否相信自己得到了上帝的庇佑，受到了命运的垂青，或者仅仅是在一个随机的世界里打破了极不可能实现之事的"魔咒"，都无关紧要。重要的是，你会感受到某种力量的存在，这是一种无论其本质是否仁慈、偶尔也能毫无争议地产生善果的力量。宇宙把一个口袋翻了个底朝天，失去的东西又重新被抖搂出来。波塞冬还回了一副雷朋太阳镜。在哥斯达黎加的那天，太阳镜出现的那一刹，我们的饥饿感、疲惫感和想要结束的欲望统统消失了，取而代之的是一种完全不同的情绪。惊诧、感恩、好奇、敬畏：我们从偶然发现中获得的感觉，与受整个宇宙启发产生的感觉是一样的，甚至连原因都如出一辙——因为生活给我们带来了一些意想不到、不曾索求、本不该拥有的美好事物。

刻意搜索：有意识地寻找

通过刻意搜索找到某样东西完全是另一回事。与基本上不需要任何努力的幸运发现不同，有意识的发现需要耐心、规划、资源、时间和努力。在取得胜利时，它们会神似侥幸得到的亲戚，因为无论你花费多长时间寻找，通常都会在一瞬间找到。这时，你可能会对自己和宇宙发出同样由衷的赞叹。但在那之前，寻找某样东西，与其说是有关发现的喜悦,不如说是涉及在哪里和如何寻找的实际问题。

这些问题的答案比比皆是,然而好答案却凤毛麟角。很多父母、励志学大师和通灵师都会帮你找到失去的东西,但他们的建议要么太过显而易见(回溯过往,冷静下来,收拾清理),要么不太可信(依据"18英寸原则",大多数丢失的物品都潜伏在距离你最初认为它们应该在的地方不到0.6米的地方),或者让你去听新世纪音乐("想象有一条银色细绳沿着你的胸口向下延伸,直抵失去之物")。天主教徒可能会建议你向失物守护神圣安东尼祈祷,而技术爱好者们则会力荐你用电子设备来解决问题。在某些特定的情况下,最后一种方法实际上是奏效的。好比说,你可以试试让女友给你找不到的手机打电话,或者买一个能够连接到日常物品上的小型蓝牙追踪设备,或者通过钥匙扣上的按钮让丰田凯美瑞对着你鸣笛。

尽管这些技巧很有用,可还是有一定的局限性。你的手机需要处于开机状态;车子需要停在感应范围内;你需要有先见之明,在即将丢失的东西消失前,抢先一步在它身上安装跟踪装置。如果这些条件都不具备,或者你寻找的东西曾经并不属于你,那么这些技巧就和"18英寸原则"一样毫无用处。如果你真的很想有所发现,或者更严重的是,如果你失去了一些非常重要的东西,你需要的就不是电子设备或者可视化练习了。你需要专业知识。

这是美军在第二次世界大战期间达成的共识。当时海军高层因为担心敌人的潜艇,就想知道是否有能确定其藏身之处的方法。为了解决这个问题,他们成立了反潜作战研究小组,这可能是史上第一个把寻找失踪物体视为数学问题的组织。尽管研究小组的任务是专门寻找潜艇，但从本质上讲，它试图寻找的是在所有未知地点定位任何实体的最佳方法。为了实现这一目标，成员们逐渐选定了"最优搜索理论"——请允许我借用那本在他们提供了开拓性贡献的领域中具有奠基意义的著作的名字来概括一下。

如今，最优搜索与运筹学和计算机科学的联系最为密切，因为它奠定了人工智能领域最新进展的基础，变得广为人知。尽管其最初版本应用于物理领域，但最优搜索的核心数学算法早已在与时俱进的过程中迭代升级。无论是针对失踪人员还是马航370，它都构成了复杂现实世界中的搜索基础。数学细节看似极其复杂，但要点其实很简单。在任何搜索开始的时候，你要对丢失物体的位置做出尽可能多的合理假设。这些假设定义了你的搜索区域，它可能是已知、有限的（"我的公寓"），也可能是巨大且不确定的（"印度洋里的某处"）。然后再将搜索区域划分为扇形区域，并为每个扇区赋予两个不同的值。第一个值反映的是丢失物品位于那里的可能性。第二个值反映的是如果它就在那里，你能找到它的可能性。因此，你在药柜里发现丢失钱包的概率可能很低，但如果它在里面，你就有百分之百的概率找到它。相反，卫星数据和燃料容量可能表明，马航370几乎肯定是在海洋的某个特定区域里沉没的，但如果那里水深近8000米，你就不太可能找到它。一旦你有了这两个数字，把它们组合一下，就可以确定出在每个扇区里找到丢失物体的概率，然后使用组合后的数字来构建整个搜索区域的概率图。只有这样，你才能从最有可能成功的地方开始寻找,然后再转移到不太可能成功的地方。

所有这一切听起来可能很直观,以至看上去有些愚蠢。无须听从美国海军的建议,人人都会从最有可能找到失物的地方开始寻找,也都会自动从可能的地方转移到不太可能的地方(绝望时刻,谁没检查过自己是否把钥匙放在了冰箱里?)。然而,搜索理论将寻找过程中一些重要的东西程式化了:寻找任何东西都需要资源,但正是因为资源有限,我们才需要小心分配。寻找女儿的书包时,你可能不太需要盘算最佳方式,但如果寻找的对象是女儿,谋虑就显得很重要了。

这种紧急的搜索,不能凭直觉行事,并且很多时候,它们也太过复杂了。"最优搜索理论"从最简单的搜索问题入手:"在没有虚假目标的情况下瞄准固定目标。"但人们很少使用这些"刻舟求剑"式的条件。也许你要找的并不是一个固定目标,而是一只漂浮在海洋上的木筏,或者是一位迷路的徒步旅行者,他没有坐以待毙,而是朝着未知的方向移动,甚至有可能已经折回至某个你搜索过的区域。或者你有可能锁定了一个虚假的目标。我们用来寻找事物的所有传感器(眼睛、耳朵、雷达、声纳、摄像机)都是不完美的,它们中的任何一个都可能误导我们。你以为自己终于在机场停车场找到了车,结果却发现那是别人的灰色本田雅阁;你以为自己发现了一艘16世纪的沉船,但它其实只是一艘20世纪70年代的老旧纵帆船,沉没后在海底解体了。

更糟糕的是,吸引我们注意的不仅是错误目标,有时候,我们甚至会在错误的搜索区域里完全迷失自我。你丢失的钱包可能掉在了朋友车子的副驾驶座位下，它没在你的公寓里；那位失踪的徒步旅行者可能才走了一个小时就返回城里，离开小路，游泳去了。对于想要寻找的东西，我们只有在找到它之后才能确定它究竟是在哪里丢失的。尽管这令人沮丧，却是一个不争的事实。

小心你正在寻找的东西

所有这些都让寻找听起来枯燥无味，仿佛它是某种介于低级争论和高级统计课程之间的东西。但事实上，如果人类的集体创造性作品可信的话，它往往十分令人兴奋：寻宝是人类口口相传的故事里最古老、最持久也最受欢迎的题材之一。这些探险故事的典型对象是一些隐藏在未知或遥远地方里具有巨大价值的东西。和我们寻找的真实事物一样，这个对象可能是具体的，也可能是抽象的，它可能是英雄丢失的宝物，也可能是他或她以前从未见过的东西：杰森和阿尔戈英雄寻找金羊毛，灵魂女神普赛克寻找情人丘比特，哈利·波特寻找魂器，无论是加拉哈德还是印第安纳·琼斯，人人都想夺取具有神奇力量的圣杯。

探险故事的创造者和儿童游戏的发明者一样，都深谙发现的内在乐趣，他们知道只要通过推延发现的时间就可以吊足受众的胃口。毕竟，悬念并不是对存在事物一无所知的产物，而是一种你知道它在那里，但不知道何时、何地或者你要怎样做才能找到它的结果。这表明，搜索还有一个伟大的优点，即这件事情本身就占据了十分之九的情节。它为你提供了一个目标（试图找到 X）和一个高潮（找到 X），两者之间的空白给了你探索有趣新领域的借口。俗话说，"你若大海捞针，就能真正认识大海"。

这是重述另一个陈词滥调的优雅方式：结果并不重要，关键在于过程。为了与这种哲学观点保持一致，许多探险故事主要讲述的都是主角情感或者精神的发展历程。这些故事告诉我们，别管探险的表面目的是什么，我们真正需要找到的东西其实是自我。在将注意力转向失物谷之前，弗兰克·鲍姆通过让《绿野仙踪》里的主人公去寻找自己的心灵、大脑、勇气和家园而明确地指出了这一点。从多萝西到奥德修斯，探险英雄历史悠久的血统里始终镌刻着这样的基因。

其他探险故事也采取了同样的消极案例：不够稳重成熟的主人公陷入执着寻找想要之物的危险之中。根据《最优搜索理论》一书所述，寻物挑战具有双重性：如何搜索和何时停止。在这些故事里，即使丢失之物本身的价值与搜寻所付出的时间、金钱、心智和生命的代价相比显得黯然失色，主人公也没有放弃。也许探险故事里最具代表性的警世预言是《白鲸记》，当然还有许多其他的故事。例如，在《金银岛》里，所谓的宝藏几乎毫无价值，书里真正探讨的是贪婪、痴迷、幼稚、傲慢和暴力。最后，当英雄们终于找到了宝藏，他们就像传说中的彩票中奖者一样，并未发生什么本质上的改变，探险成功并没有让他们成为更好或者更幸福的人。

总的来说，这些故事的寓意很合理：小心那些你耗费时间去寻找的东西。选择做正确的事情，你就会得到有时候连做梦都想不到的回报；可一旦选择失误，就有可能得不偿失。好消息是，你无须自己做出选择，因为弄清应该在生活中追求什么是数千年来哲学的核心问题。由此产生的智慧近乎一致地告诫我们：幸福并不存在于对物质的追求中，比如《金银岛》；也不存在于对复仇的执着中，比如《白鲸记》。当弗兰克·鲍姆让笔下的人物去寻找心灵、大脑、勇气和家园，更别提他们一路上找到的朋友时，他就更接近这一观点了。这些事物的确能让我们的生活变得截然不同，我们会成为更好的人，过上更加幸福的生活。难点在于，搜寻它们本身就存在困难。

我们究竟在寻找什么？

在误报、漏报、移动的目标、错误的搜索范围、缺乏资源、变幻莫测的机遇、无边无际的世界等所有给寻找东西增添困难的因素中，最棘手的是：有时候，我们真的不知道自己究竟在寻找什么。也许你正试图为那个尽人皆知拥有一切的朋友寻找一份完美的结婚礼物；也许你想找个合适的约会对象，期待有朝一日也能拥有自己的婚礼；也许你正试图找到一种阻止脑内斑块淤积的药物。在所有这些情况下，你都在寻找对你来说完全陌生的东西，更有甚者，对世界来说，它也是全新的。你要怎样才能找到它呢？

这几乎正是 2500 年前，色萨利政治家美诺向苏格拉底提出的问题。两人讨论道德时，苏格拉底坦陈自己并不知道什么是道德，美诺感到很困惑。他问苏格拉底："如果你根本不知道它是什么，你怎么去寻找它呢？""在你正好碰到它的时候，你怎么知道这是你不知道的那个东西呢？"这两个问题被称为"美诺悖论"：如果你不知道自己要找什么，你就找不到它；如果你知道自己要找的是什么，你就无须搜寻它。因此，你不该费心去找任何东西，因为你的搜寻要么不必要，要么没有结果。

从逻辑上说，这是个无稽之谈。纵观历史，我们已经成功追寻到以前从未见过、起初也并不了解的存在——客体、想法、地方、人物。此外，正如苏格拉底指出的那样，他暗示搜寻是徒劳的，等于在褒扬停滞和缺乏好奇心。他宣称："如果我们相信一个人必须探索自己所不知道的东西，才能成为更好的人，才能更勇敢、更勤劳，我将不惜一切言语和行动上的代价，坚持斗争到底。"虽说"美诺悖论"是一种荒谬的主张，但它仍不失为一组重要的问题，并且其中的大部分问题尚未被回答。当我们不知道这些东西是什么的时候，该怎么去搜寻它们呢？如果我们找到它们，又怎么能把它们辨识出来呢？

我们可以用一个非常基本的形式来考虑这个问题：假设你忘记了某人的名字。如果这恰好发生在独自一人的深夜时分，你唯一的选择就是搜肠刮肚。你躺在床上,陷入一种奇怪的思维模式,到处寻找这个名字。是叫埃德加吗?埃文?埃里克?伊恩?还是内森?都不是——等等:伊桑!是的,你要找的就是伊桑,一想到这个名字,你就知道准没错。

关于这种思考,首先值得注意的是我们完全有能力做到这一点。它表明,在脑海中想不起一个名字与在家里找不到钱包至少有一个共同点:不知何故,我们或多或少知道可以找到它的地方,然后进行相应的心理搜索——在上面的例子中,不妨直接略过"理查德"和"罗伯特",在"伊恩"和"内森"附近找找看。换句话说,尽管名字与我们大脑相对应的位置之间存在缺口,但缺口并不为空;相反,正如威廉·詹姆斯曾经观察到的那样,它包含了"一种名字里的幽灵"。这些幽灵般的信息帮助大脑优化搜索,即使它还不知道正确答案是什么,也会拒绝错误答案:不,不是内森;不,不在芝加哥;不,不是狗狗在车里呕吐的那次旅行。因此,美诺悖论的部分答案开始浮出水面。虽然我们不知道要找什么,却知道自己不需要什么,通过逐渐排除,我们就可以慢慢接近正确答案。

这种能力并不局限于人类的记忆。在思考被遗忘事情的同时,我们也可以思考自己从不知道,甚至没有人知道的事情。如果人类做不到这一点,就没有内燃机,没有广义相对论,没有《乔凡尼的房间》,也没有民主。正如这串列表所显示的那样,这种能力并不局限于任何特定的研究领域。当威廉·詹姆斯忙着思考把忘记的名字想起来的感觉时,他的弟弟正在琢磨该怎么写小说。最后,亨利·詹姆斯总结道，作家和其他人一样，以一种神秘的方式获得新想法："他的发现，就像那些航海家、化学家、生物学家的发现一样，比警觉的认识更稀缺。因为哥伦布朝着正确的方向前进，所以发现了圣萨尔瓦多岛，他就是这样发现有趣之事的。"

这种仅仅通过沿着正确的方向思考就能获得新想法的能力是人类的决定性特征之一，然而我们并不知道它是如何运作的。我们能够辨别且朝着正确的方向行进，并非偶然之举，它是通过比试错法更加复杂的方式进行的。就像我们踢走"大卫"，却揪着"内森"不放一样，不知为何，我们在知晓正确答案之前，就能感觉到它的某些抽象特征，就像玩搜索游戏的孩子们所说的那样，我们能分辨出自己什么时候变冷、什么时候变热。通常，当我们找到苦苦寻觅的东西时，也会立刻、绝对地感知到自己"正中红心"。有趣的是，提示我们的线索不仅有智力上的，也有情感上的：就和找到大多数东西一样，得到答案令人非常愉快。我们所有人都经历过这种情况的低级版本，当记不清的名字或者失去的事实在脑海中闪现时，你几乎可以获得不由自主地打喷嚏那样令人畅快的感觉，许多人至少体会过一两次真正的"尤里卡"时刻——"尤里卡"在希腊语中意即"我找到了"。诸如此类的发现，就像是牧场上的陨石：它是闪现于我们思想中的惊鸿一瞥。

如同发现的其他事情一样，我们可以慢慢地或者突然间获得这些新想法。许多顿悟是无数个小时的思考结晶，但也有一些发生在长时间的思考之前：就像兵马俑一样，我们有时需要对已经发现的东西进行深挖。卡尔·弗里德里希·高斯曾经发现过一个数学难题的答案，但他还无法证明其正确性。他在谈及那段经历时表示:"我得到结果已经有一段时间了,可是还不知道该怎样才能完成求解过程。"包括芭芭拉·麦克林托克、阿尔伯特·爱因斯坦在内的许多科学家和数学家,也同样报告说他们在灵光一闪间找到了答案,然后却得花上几周、几个月或几年的时间来进行验证。

这种经历让美诺感到十分困惑。我们怎样才能想到一些以前从未想过之事,并且知道它是真的?苏格拉底的回答是:我们不能。他认为在这些看似顿悟的时刻,人们只是重新发现了自己已经知道的东西,此生不知前世知。"灵魂不朽,经过多次重生后,它无所不知,既见识过人间的一切,也对阴间之事有所了解。所以,它能回忆起以前知道的事情也就不足为奇了。"他这样写道。对苏格拉底来说,每个促成新想法或者新发现的事例本质上只不过是一种回忆行为。

这是一个美丽的想法,它用最具穿透力的措辞解释了"美诺悖论"。因为我们已经看到了所有能看到的东西,它们中的某些碎片有时会像精神上的旧事幻现一样回到我们脑海中:在大脑的缝隙里,出现了所有造物的幽灵。然而,只有当你认同苏格拉底的观点,即不朽的灵魂能够保留记忆时,这种解释才具有说服力;并且你还得不介意它对心灵的侮辱,即在这种情况下,心灵是无法产生新想法的,以上逻辑才说得通。更重要的是,作为寻找东西的实用指南,这个可爱的故事毫无用处。尽管它能在事后解释我们发现新奇之物的逻辑,却不能预先告诉我们该怎样找到它。

平心而论,我们不能将苏格拉底的观点一棍子打死,因为迄今为止，也没有出现其他能够解释这种能力的说法，更不用说帮助我们改进它了。这很遗憾，因为在我们寻找的所有事物中，最难以捉摸的实体也是最重要的。我们在黑暗中苦苦追寻的不只是一个被遗忘的名字，而是生活中许多最基本、最充实的部分。"耶和华啊，我怎样才能找到你？"因为被去哪里寻找上帝，以及何时才知道自己找到了真命天主的问题困扰许久，奥古斯丁在其《忏悔录》中忍不住发出了这样的疑问——作为一位新近皈依基督教的人，他曾狂热地信奉另外一种截然不同的信仰。我们可能会在许多重要的事情上重蹈其覆辙。那么，我们该怎样寻找感召呢？又该怎样寻找意义？怎样寻找朋友、社区或者家国？怎样寻找爱人？我们应该走出去寻找这些生活中缺失的方面吗？或者只能依赖命运或者造化之手冥冥中的安排，等待它们最终自己实现？

意外跌入新世界

早在比利发现陨石之前，他就已经明白意外地跌入一个新世界是什么感觉了。比利就是人们常说的弃儿，他出生后不久即被亲生父母遗弃。和童话故事里的主人公一样，比利被一对没有孩子的夫妇抚养成人，他们虽然贫穷，却富有爱心。比利的养父母——对他来说永远仅是父母而已——在当地的罐头厂工作，他们把挣来的钱存在咖啡罐里，希望有朝一日能买得起一个农场。然而一场大火吞噬了他们居住的棚户区，罐子和里面的钱被烧得一干二净，两人只得重新开始。等他们终于攒够买房子的钱时，已经上了年纪。养父母想，如果家里能有人帮忙，百年以后还能继承家业的话，那该有多好。于是，就有了比利。

当时的美国正沉醉于自己的现代化中。收音机里播放着猫王的歌曲，电视机霸占了人们的客厅，成千上万辆崭新的雷鸟牌汽车即将上路。但比利还是像父亲的父亲那样，赶着马车进城，他与父母合住的房子里连室内管道都没有。他对周围普遍存在的匮乏、短缺和贫穷毫无感知。尽管在这个国家的其他地方发生着翻天覆地的变化，可在他成长的地方，最常见的职业是"猎兔人"；秋收时节，男孩子们可能要缺课一个月去农场里帮忙。

比利就是这样的男孩，但他不介意自己的学业被打断。作为一个不喜欢上课的中等生，他觉得在田野里劳作要比待在教室里更快乐。尽管如此，他拥有一颗不同寻常的大脑——能迅速抓住问题，也能很有耐心地解决它。并且，他很快学会了父母教给他的一切。他的父亲公正、苛刻、沉默寡言、异常勤奋，就是那种粗鲁、矜持、务实的人，华莱士·斯特格纳曾把这种人称为"大老粗"。母亲则非常温柔，溺爱着她那性情温和、老来才得的儿子。比利如愿以偿地被培养成为一个诚实、感恩、幽默、不畏辛劳的人。在比利25岁之前，养父母先后去世了，他安葬了二老。

那时，他已经能像父亲那样亲手建造或者修理任何东西；他也和父亲一样，很早就在心底埋下了拥有农场的念头。最后他成功了，但是对他那代人来说，在不到 200 英亩的土地上维持生计几乎是不现实的，更别提那些动辄数万美元的设备了。正如比尔当时就已经知道的那样，这一切遥不可及。他卖掉了父母的农舍，在当地的大西洋与太平洋茶叶公司找了一份工作，先从收银员做起，然后在乳品部做职员。时光飞逝，并且似乎比以前过得更快了。一天，他在店里工作时，遇到了一位前来购物的年轻女子。他四处打听此人，有个送面包的人说自己认识她。她是当地人，名叫桑迪，她的母亲年轻时丧偶，独自拉扯大了 7 个孩子。为了能从面包男那里要到她的电话号码，比利向对方许诺日后将邀请他在婚礼上当伴郎。他们第一次约会结束时，她已经把那份来自宇宙的礼物变成了他有生以来见过的天下第二好的东西[1]。6 个月后，他们在她小时候做礼拜的那个小教堂里结了婚。

比尔和父母一样节俭。不管自己挣得有多少少，也不管有多么缺钱，他一直坚持存钱；并且不管他身处何方，做着什么样的工作，都从来没有停止过对家乡的思念。婚礼结束后，他把旧屋买了回来，但那时，农舍早已被白蚁侵蚀得垮掉了。在决定拆掉它的那天，他哭了。在一场暴风雪过后的冬日早晨，他和新婚妻子躺在雪地上，在将来要为自己和孩子们建造小木屋的地方堆了个雪天使。不久之后，他们破土动工。两人连续奋战了三年，抓紧利用早上上班前、晚上下班

---

[1] 第一好的东西指的是比利妻子本人，挚爱固然比陨石的分量更重。——译者注

后、周末和节假日的一切时间：为了挖地基，拖走了两千辆手推车的泥土；在数百根原木上一根根地开槽、凿槽，然后放置妥当；用砂浆填补缝隙；钉牢瓦片；搭建房间，立起烟囱；在家里放了两个火炉，这样整个房间就都暖和起来了。朋友和家人帮忙铺设基脚，吊起屋梁，但在大多数情况下，他们都亲力亲为。

完工后，小屋坐落在一片空旷土地上，四周绿树环绕，一条季节性的小溪穿流而过。屋子里，除了主卧，还有一个厨房、一间浴室，楼下有两间卧室，顶层阁楼里是第三间卧室，后面还有一个堆放木柴的杂物间。门外有40英亩地——父亲的田地，母亲的牛奶房，还有那条他曾经用马和马车把庄稼运进城里的长巷子。他终于回家了，有很多要做的事。还有那件幸运物：他把陨石放在了厨房里，放在燃木炉旁的灶台上面，那里距离他25年前发现它的地方只有几百米。

遇见真爱

怎样才能找到真爱呢？对我和许多人来说，单身的时候都会被这一问题深深困扰。毕竟，爱情不像一件丢失的物品，我们不能通过原路返回或者彻底搜索周围环境来确定它的位置。它也不像问题的解决方案，我们可能会长久地考虑它，也会用生动的细节来想象它，但永远无法在自己的头脑里找到它。爱情就像一个失踪者（事实上，毫不夸张地说它就是一个失踪者），而我们必须搜索的区域本质上浩瀚无边。它可能就等在街角的咖啡店里，或者三个州以外的地方，或者在塞内加尔的某家医院里，或者在一个你并不热衷参加的节日派对上，那里与你家之间隔着40个凄风苦雨的街区。更糟糕的是，大多数人在寻找爱情的时候，都从来没有见过最终会爱上的人。

这正是引起美诺注意的那种困境：我们怎么才能找到一个素未谋面、对他/她一无所知的人呢？在遇到爱情之前，它就像一个我们从未有过的想法。我们可能会摸索着走向它，但其最终的表现形式仍然是个谜。这是爱情的众多乐趣之一：无论是它出现的时间、地点，还是最重要的承载它的人物，都经常把我们打得措手不及。但是，从那些仍在寻觅真爱的人的角度来看，这个问题很严重。虽然爱情是每个人都希望在生活中找到的最美妙的东西之一，但我们并没有明确的寻找途径。

因此，有些人认为我们甚至不应该主动尝试。出于哲学、实践或者战术上的原因，他们认为积极寻找伴侣是毫无意义的。这似乎令我们很绝望，无论如何，爱情从来不存在于我们寻找它的地方，而是最有可能出现在我们快乐、满足、忙碌地按照自己的方式生活的时候。另外有些人认为，寻找爱情如同实现任何其他目标一样，也是"一分耕耘、一分收获"：你应该"敞开心扉"，应该"来者不拒"，根据大数定律，足够多的糟糕约会——因为你遇到了错的人——最终会酝酿出一次"正中红心"的成功。

大半辈子都待在这个阵营里的我认为爱情基本上就像陨石——一个不知道从哪里突然冒出来的东西；如果它碰巧在某时、某地真的被人发现了，那纯粹是因为我们运气好。我并不是说我相信这种不顾一切寻找真爱的模式，但知道自己为什么喜欢它。一方面，它反映出爱情的一个基本真理，即它是人类无法控制的。生活中很少有比解释为什么我们会爱上这个人而不是那个人更难的事情，也很少有比全凭意志力更难改变的事情。另一方面，这意味着我们没有理由围绕追求爱情来安排自己的生活，因此，你得围绕工作、朋友、旅行、志愿服务或任何其他你有选择权的事情来安排个人时间——这是一种广阔、自主、充实的生活愿景。因为女性在历史上曾被剥夺过这一权利，所以我对此尤其心存感激。

最后，也许是最显著的一点，我自己的爱情完全源于偶然。年近30，我曾一度单身，然后突然意识到，那些能让我在短期内获得快乐的事情——窝在家里看书，独自外出长途跑步，在工作的宁静中隐匿自己——永远不会让我得到想要永久拥有的一切：伴侣、孩子、一个充满了我爱之人的家庭。这是一个令人清醒的认识。在我所处的那个人生阶段，我所珍惜的独处已经越来越多地演变成了寂寞，很多时候，我发现自己频繁地为没有家庭而感到悲伤。如今，我第一次感受到真正的恐惧，我担心自己永远都无法成家。

因此，我打破了一直以来的习惯，开始主动寻找爱情，邀请朋友和家人为我牵线搭桥，并且试水网络交友。亲朋好友因为同情，很认真地对待我的诉求，但说句实话，他们挺没用的。最后，其中有个人明智地告诉我,最亲密的朋友永远都无法帮我找到伴侣,因为如果他们认识那个人,早就帮我们介绍了。爱情潜伏在更遥远的圈子里,它像一颗需要被推离轨道的小行星;她建议我向新朋友、朋友的朋友、同事和泛泛之交寻求帮助。这个建议不错,但我并不想听。与此同时,我极其短暂地尝试了在线交友,产生了与爱情相去甚远的可笑结果。这种体验混合了滑稽、徒劳和尴尬,就像你在试衣间里试穿牛仔裤,试到一半发现它们要么太大,要么太小。没过多久我就放弃了,并且恢复了一贯以来压抑悲伤、无视问题的习惯。

但我本人并不是一个具有统计学意义的样本,据我观察,周围人以各种各样的方式找到了真爱:苦苦寻觅,遍地开花;或是把努力浪费在错误的地方;或者完全躺平,根本不找。我的一个朋友在分手之后,依旧勇敢地奔赴第 50 次约会,而另一个朋友失恋后则把家搬到了离家人更近的地方,一门心思照顾他们、打拼事业。现在,两人都过着幸福的婚姻生活。我知道有些人会断然拒绝任何帮助寻找真爱的尝试,然而还有一些人会动员整个搜索队"地毯式"地搜寻潜在的伴侣。并且,我认识有些人选择向互联网上多如牛毛的专业门户网站求助,这不仅和我曾经短暂的尝试一样,也是如今许多人寻找东西的普遍做法。

这些公司究竟是怎样生成匹配的,本身就是一个谜,因为他们使用的算法是企业专利。然而,他们还是以某种方式将寻找爱情的显而易见之处整理了出来:为了找到潜在的伴侣,我们必须缩小搜索范围,在巨大的可能性池中施加一些限制条件,比如把地理位置、生理机能、电视节目品味或者对宠物的偏好也纳入考量范围。这种做法的一大难点是，几乎所有尝试过网络交友的人都会告诉你，不管这些限制条件有多么大量、具体，在筛选时依然会产生许多糟糕的配对。但更严重的问题恰恰相反：在同样的限制条件下，那些我们亲自设定的条件，可能会帮助筛选出一个完美无缺的人——因为，在爱情这件事上，我们其实并不知道自己真正在寻找什么。或者，更确切地说，我们有很多想法，可其中任何一个都有可能是错误的。

这是个问题，因为当你的大脑中存有一个错误的想法时，要把它识别出来可真是出人意料地困难。这一点从日常经验中即可见一斑，就像我们在书架上翻一本书却怎么也找不着，是因为我们理所当然地认为封面应该是橙色的，可实际上它却是蓝色的。同理，我们起初可能会忽略未来的伴侣。在书中、电影里和生活中，关于坠入爱河的一大说辞是：即使真爱就在眼前，我们也会视而不见。双方可能已经相识多年，却几乎意识不到对方的存在；双方可能是好朋友，甚至是最好的挚友，但从来没有考虑过更进一步的可能性。我们甚至会对"真命天子"产生完全反向的强烈感情，比如《傲慢与偏见》中的伊丽莎白·贝内特起初就对达西先生鄙视到不行。

换句话说，追求爱情提出了美诺的第二个问题，也是他的第一个问题：不仅是如何寻找爱情，还包括怎样知道我们何时找到了爱情。假如两个人已经很熟了，答案似乎并不是特别神秘；随着时间的推移，双方增进了对彼此的了解，开始产生了心属对方的感觉。在这种情况下，爱情就像照片一样，曝光后浮现出它的面目。但在其他奇怪的情况下，它更像是闪电。在所有与爱有关的神秘事物中（爱的起源、爱的目的、我们身为爱的主体却几乎没有任何发言权的奇怪且专制的选择过程），也许最令人感到莫名其妙的是：有时候，我们似乎心灵感应般地立刻知道自己找到了它，即使结果与我们寻找的初衷截然不同，即使我们根本就没有认真寻找。

我找到她了

我们在主街见面。C.驱车400多公里来到这里，当然不是为了来看我。她从马里兰州的家里出发，准备去佛蒙特州待一周，然后去纽约州北部参加婚礼，我住的小镇恰好是一个方便的歇脚点。几个月前，一位共同的朋友在电子邮件中介绍我们认识，并且表示，我们肯定会喜欢对方，尽管这句话并没有什么实际意义。我们进行了礼貌的交流。那年晚春时节，她在规划自驾游行程时，意识到自己会路过我家附近。她提议一起吃午饭，我报出一家当地小餐馆的名字。到了约定的时间，我走进镇上的餐馆，把头伸进门里看了看，确认她还没到之后，又走出去等。

这是5月中旬的一天，清晨起初有些阴冷，但很快就变得明媚起来。在我面前，蜿蜒的街道通向哈得孙河；在我身后，阿巴拉契亚山脉东部山脊顶峰上的绿叶刚刚开始显露出一抹淡淡的春意。那天早上,我去山上跑步。足下的小径沿着溪流向上延伸,直达一处岩石嶙峋的山峰。那里视野极其开阔,向西可远眺河对岸的卡茨基尔山,向南几乎可以一直看到曼哈顿。大约 10 年前,我搬离了纽约市,这就意味着,自孩童时代起,我在这个以群山为背景的小镇上生活的时间比在其他任何地方都长,这令我相当惊讶。我跑步时一直在想这些——我的家令人愉悦但也有些随意。我不记得自己站在主街上,抬头看到 C. 向我迎面走来之前究竟在想些什么。

时隔多年,召唤出那个版本的她和那个版本的我,令人感觉很奇怪。在柏拉图的《会饮篇》中,阿里斯托芬把恋人想象成一个整体的两半,他们被众神分开后,在找到失去的另一半之前,都感觉不到完整的自己。但在我们相遇前,C. 和我是完全完整的。事实上,当我想起那一刻的时候,打动我的恰恰正是她的完整:她带着自己所有非凡的特质向我走来,而我却对她一无所知。她身材苗条,皮肤白皙,一头乌黑的长发垂过肩膀,居然还穿着牛津衬衫和夹克,这简直不像是为公路旅行而准备的着装。这就是我所能获得的有关新生活的全部信息,尽管当时,我的未来显得模糊不清。现在回想起来,我甚至都不能肯定自己是怎么辨认出此人就是我的午餐对象,因为在那一刻,她对我来说就是个彻头彻尾的陌生人。若是将历史旋转十亿分之一度,她还是会永远保持这种状态。然而,我看着她沿着街道向我走来,我们相遇前最后一段短暂的时空就这样结束了。

如果说我立刻意识到自己遇见了真爱的话,是不够准确的。在我们一起吃的第一顿午饭期间,我始终保持着高度的警觉。她很认真,也非常聪明,以至我不得不像游走在悬崖峭壁上的攀岩者那样高度集中注意力:山峦高耸,变化万千,景色广阔秀美,令人惊叹。不知何故,她给人一种既直率又矜持的印象,因此当她第一次发自肺腑地笑出来的时候,我想让她立刻再笑一次。她说话的时候,我就盯着她看,她那细长的手指像指挥家一样精确地组织着我们之间的空气;她的一举一动,正式且从容。随着气温逐渐升高,她脱下外套,挽起了袖子。我们坐在餐馆外空荡荡的露台上聊了两个半小时,感觉意犹未尽。或者说,那种感觉就像是从所有匆忙向前的烦琐事务中解脱了出来,仿佛时光老人瞥见了我们,然后暂时放弃了规则;它也像几周以后,机场里那位好心的警察,笑着允许我们在离港处的禁止停车区里逗留许久,完成一段漫长的告别。当我们喝完最后一杯过量的咖啡,把盘子放回里面的吧台后,我在一种至今仍然不明的冲动驱使下,邀请她在继续上路前到我家坐坐。我们一起走了回去,我带她参观了我住的小马车房和屋前的花园,西红柿和辣椒还没我们的脚踝高,菜豆刚刚开始冒尖,就像从土里探出的微型潜望镜。然后,我突然不知道为什么要把她带到这里,也不知道下一步该做什么。我祝她一路平安,我们略带尴尬地道别。当我回到屋里,才惊讶地发现时间居然已经那么晚了。

那天晚上,她给我发信息说:"遗憾啊,我已经很久没有和人约会过了,可惜你住在离我三个州那么远的地方,希望下次再有机会同城,我请你吃晚饭。"两件事情发生得如此之快,以至我都不确定在大脑开始进行改变一生的重组之前，自己有没有把那句话读完。首先，就像一幅图像突然变成另一幅的视错觉一样，我们刚刚共度的下午完全被重新安排了。在收到信息之前，我从没想过 C. 会和女性约会，我想，这就是我未能正确地意识到自己强烈关注她的根本原因。其次，我想都没想就知道自己会一口答应。

一周后，C. 参加完朋友的婚礼返程的时候，我们进行了第一次约会。吃好晚饭，看完了一场两人都觉得很糟糕的电影后，我们决定出去散散步。我仍然准确记得我们走过的路线，以及彼此走路的方式，忽近忽远，我俩之间不断变换的距离占据了我脑海中最为重要的位置。夜色温柔，万里无云。一轮新月在一贯隐蔽的远处守护着我们，在烟囱和树梢间时隐时现。她的笑声不时地升到空中，就像欧椋鸟受惊后从窝里飞出来一样。我们回到家里，坐在沙发上时，我才意识到自己触摸她的意愿有多么强烈，仿佛想一辈子坐在那里听她讲话。

我并不打算详细描述这一过程，只是说其实我可以；我的意思是，这是每个人一生中难能可贵的时刻之一，它的所有细节都是不朽的。然后，我们又漫步到外面。月亮已经落下去了。天空中繁星点点，四下寂静无声。我们周围，宇宙在膨胀，它不是从某物变成任何东西，而完全是自己在膨胀，它改变了空间的尺度，延展了存在的边界。地心引力、电磁力，强的弱的，所有已知和未知的力量都在宇宙间发挥作用。如果我们能感觉到它们，如果我们曾经感受过它们，我们也不知道，因为我们充满了自己的力量，在宇宙中旋转，就像托勒密天球中最小的天体。之后，我又把她带回屋内。此后很长的一段时间内,一切不是她的东西——我们周围的房子、世界的其他地方、时间的流逝、过去和未来——都变得完全不重要了。

第二天早上醒来时,我们或多或少都感到有些惊讶。我们对彼此知之甚少:因为在黑暗中完全没有注意,她被我肩膀上的文身吓了一跳;我震惊地发现,她那严肃的棕色眼睛在阳光下变成了迷人的绿色。她承认,它其实是淡褐色的,但我想太神奇了,打那以后我一直认为她有一双魔力十足的电眼。我们一起离开了家,宁愿走路去城里喝咖啡,也不愿自己在家里弄。我牵着她的手,向门外的小山丘走去。这与我们前一晚的抚摸截然不同,它更纯洁,也更明确。一夜之间,我变成了一个想要牵着别人的手,一起去吃早餐的人。

中午的时候她走了,不过在走之前,她偷偷地从我的书架上取下一本诗集,挑了一页打开,我确信自己肯定能够找到那一页。几小时后,我的确找到了,某种东西突然从我的内心迸发出来,就像一支熄灭的蜡烛重新被点燃了那样。如果说,在此之前我都丝毫未觉的话,那么在那一瞬间我懂得了个中含义。

一见钟情

但丁·阿利吉耶里 9 岁时(他强调,实际上是快要 10 岁的时候,做此提醒是为了唤起孩子对时间细微变化的注意力），在家乡佛罗伦萨，他偶然注意到一个与自己年纪相仿的女孩。后来，他得知她名叫贝亚特丽斯，意为"赐予幸福的人"。多年以后，在《新生》一书中，他用惊人的专业术语描述了自己看见她的那一瞬间究竟发生了什么："所有神经向那栖息于崇高头颅里的生命灵气惊奇地汇报说：看吧，'现在你的幸福出现了'。"

在西方文学记载的所有伟大激情中，但丁对贝亚特丽斯的爱是最奇怪的。不求回报，无法实现，甚至几乎没有感情基础，乍一看，它似乎不像是长久爱情的典范，而更像是无望迷恋的原型。在初次相遇的9年后，他们再度重逢。令但丁无限欢喜的是，贝亚特丽斯向他打了个招呼。自那以后，他们时不时地在街上擦肩而过，却再也没有说过一句话。再后来，年仅25岁的贝亚特丽斯突然与世长辞。

除非你特别看重一见钟情的可能性，否则这其实是一场史无前例的爱情悲剧。可但丁的确是走心了。他宣称贝亚特丽斯是最完美的女人，把自己精神上的进步全都归功于她，并且为她写了几十首诗，用自己全部的人生，包括过去、现在和未来来缅怀她。然而，除了她在社区里的良好形象，他实际上对贝亚特丽斯一无所知——不知道她的心境，不知道她的心事和梦想，不知道她内心世界的样貌和温度。总之，除了他"生命灵气"的瞬间反应，没有其他任何东西能够激发他对她的爱意。

认为任何人都可以通过一见钟情这种方式找到爱情的想法很容易被认为是荒谬的。对许多批评者来说，一见钟情的想法往好里说是愚蠢，往坏里说是危险，并且无论好坏，它都是异想天开的，是一种由好莱坞编剧、拙劣小说家和无望的浪漫主义者出品的延续至现代的朦胧、过时的小说。根据这些评论家的观点，我们所认为的深刻的情感体验，其实只是对美丽外表的肤浅反应，因为在与某人初次见面的几分钟里，还有什么其他东西能如此吸引我们的注意力呢？同样，我们认为自己找到了真命天子的征兆，其实也许根本就不是那么一回事。他们认为，如果我们持续跟踪后续发展的话，就不会被那些迅速坠入爱河的情侣所打动。很多激情四射的恋情发生于电光石火之间，但它们来得快去得更快；另外一些恋情则在激情逐渐归于平淡后，仍能坚持数年或者几十年之久。我们并不知道《新生》所引发的问题的答案：假如有平行宇宙，但丁和贝亚特丽斯在一起后会幸福吗？

这种怀疑的观点是对由来已久的童话般的爱情观的有益纠正。童话般的爱情观除了把形形色色的人排除在可能的爱人和被爱的人之外，也排除了严肃、持久、成熟的关系所必备的大多数东西。"我们每天都在被各种'爱既神秘，又不可知'的信息狂轰滥炸。"学者兼社会活动家贝尔·胡克斯在《关于爱的一切》一书中写下这样的话，"我们在电影中看到，那些相爱之人从不与对方交谈，连自己的身体、性需求、好恶都不谈论就上了床。事实上，大众媒体向我们传递了一种观点，即知识令爱情逊色。"然而胡克斯认为，在现实世界中，知识作为一种对伴侣和自己深刻、亲密、有时甚至来之不易的理解，是"爱情的基本要素"。

我对此完全赞同。然而，爱情的神秘性毋庸置疑，我们很早就知道，在它的许多奥秘中有一个是"我们的幸福已经出现"。在这里，请允许我借用一下但丁的表述。"一见（钟情）"可能有些言过其实，但似乎没有必要对习语吹毛求疵。且不论这短暂的接触——初见一瞥、首次互动、头一回说话、第一次约会——究竟持续了多久，我们有时会以难以置信的速度意识到，就是他/她了！还记得那个发现陨石的男生比尔吗？他在杂货店看到女孩的那一瞬间，就知道真命天女已经出现。我的母亲在第二次和父亲约会的时候，就要他娶她。对他们及许多人来说，爱情的出现就像大脑中迸发的灵感一样突然、明显。尤里卡！[1] 我找到他了，我找到了她！

可当这一刻发生时，我们关注的是什么？不管评论家们怎么说，它都不可能只是外在美。我们都对陌生人的长相表示过欣赏，却没有对他们产生其他的感觉，这意味着我们完全有可能在对一个人的其他方面情况了解不多的情况下，就立刻被其外表所吸引。此时，我们一定是对其表面特征以外的某些特质产生了化学反应。你可能会说，"某些特质"只是一种异常强烈的吸引力，但它只能重申问题，而非解决问题：在这个特定的人身上，我们究竟发现了什么无法抗拒的过人之处？并且同样令人困惑的是，我们是怎么做到这一点的呢？通过我们自身那些未知的部分，就能获得关于某人的足够信息，从而如此迅速地得出我们命中注定就该在一起的结论？

长久以来，人们一直试图回答这些问题。与柏拉图对知识的全面

---

[1] "尤里卡"原是古希腊语，意思是：好啊！有办法啦！科学界把创新灵感的爆发称为"尤里卡瞬间"。——编者注

阐述相一致的是，他相信我们可以通过记忆来识别所爱之人。对他来说，一见钟情这种事情根本就不存在，我们今生能够辨识爱情的唯一原因在于"前世有约"。（有些情侣的确因此而感受到彼此间的连接感，他们从一开始就仿佛相识已久。）撇开这个理论引发的所有其他问题不谈，它确实为人们为何会如此迅速地坠入爱河提供了一种看似合理的机制。与陌生人简单的眼神交流能带给我们的东西很有限，但经验告诉我们，无论多么模糊或者短暂的记忆，都能瞬间唤醒强烈的情感。

然而，许多与柏拉图同时代的人对我们如何一见钟情有着截然不同的解释。在罗马神话和希腊神话中，激情通常被描述为一种由外部施加的力量，比如爱神丘比特会用弓箭发射爱情，爱神之箭振翅腾空恰如惊鸿一瞥般迅速。随着西方世界被一神教统治，众神及其武器让位于巫师和恶作剧制造者，这些人惯用爱情魔药。为了契合一见钟情的观念，有些人直接把药涂在眼睛上，就像《仲夏夜之梦》中奥布朗和迫克对狄米特律斯、提泰妮娅和拉山德所做的那样。在过去的几个世纪里，包括薄伽丘、叶芝在内的许多思想家和作家都认可"爱情这种东西，就算捂住嘴巴，也会从眼睛里跑出来"的说法——正如叶芝所写的那样，"爱情来临秋波漾"。然而，但丁不同意。在他的叙述中，眼睛对爱情后知后觉；只有当"生命灵气"发出预警时，人们才会认出心爱之人。

在所有这些解释中，神话故事是最能引发共鸣的，它既发人深省，又嘲讽了凡夫俗子的男欢女爱：爱情有时感觉像是一种私人奇迹，有时又像是上天的安排。就隐喻的丰富程度而言，我不确定这种故事能否被超越，即使我们必须擦去箭头上令人熟悉的污点，才能记住它们有多么美好、率真。但正是但丁令一见钟情变得很现代。为了解释这一点，他没有关注过去，而是聚焦当下；没有向外求助于神灵，而是向内深入大脑、身体和灵魂——所有这些地方，都是我们为了认清自身意义而例行寻找答案的地方。这些不同的部分合在一起形成了一种分散的信息处理装置，他告诉我们，直到很久以后该装置得出的结论才会被意识所感知。

当然，但丁的装置就是人类大脑，我们利用这台非凡的机器为自己和世界寻找意义。尽管我们对它的了解仍然只比他多那么一点点，但已经掌握的信息表明，我们不应该对自己这么快就能意识到真爱而感到惊讶。人类认知的一大特征就是我们往往能以令人难以置信的速度，从有限的数据中得出全面的结论。因此，当我们发觉伴有光线变化的尖锐声音，会做出从掉落的树枝旁跳开的反应；因此，当我们听到姐姐在电话里使用叠音问候语，就能大概猜到她是否要传递坏消息；因此，当我们走进一个满是陌生人的房间时，仅看到那十几张陌生面孔的表情，就能推断出是否有事不对劲。既然如此，我们为什么不能在遇见新人之后，同样迅速地从一个眼神、一次谈话、一顿午餐中推断出我们是安全的、我们有好事将近，或者有些人、物就是非常合适的呢？

反对者们不甘示弱，仍然怀疑我们居然有能力对一个几乎陌生的人产生如此丰富的感觉。这是对人类能力的低估，并且在应用上也有错位。毕竟不是所有突如其来的爱都同样可疑，没人会质疑父母从孩子出生的那一刻起就对其倾注了所有的爱。我并不是说疼爱婴儿和成年人恋爱的体验类似，只是说深刻的相互理解并不能成为与另一个人产生强烈联系的唯一理由；而且，并非所有突然涌入的知识都同样可疑。无数文字都在赞美预感和直觉，虽然这种预感和直觉很容易让我们误入歧途，但即使是最保守的认识论者也会承认，在某些不能被认为是巧合的情况下，它们是非常正确的。虽然我们还不能解释自己是如何做到的，但有时确实能立即获得各种各样的知识。

当这种知识恰好是关于爱的知识时，它不仅能以迅雷不及掩耳的速度改变我们的生活，还能将一切彻底地改头换面。这就是我试图向那些仍在寻找伴侣，并且对这件事感到绝望的人解释的事情：没有找到真爱和找到真爱是两种完全不能比较的情况，然而你可以在一天之内实现由此及彼的跨越。在但丁遇见贝亚特丽斯那一瞬间，他就实现了转变。后来，他以极其简洁的笔调描述了这段经历，尽管他通常用意大利语写作，但还是选择使用拉丁语赋予它应有的庄重感。"开启新生活。"他写道。在找到真爱的那一刻，新生活开始了。

开启新生活

第二次约会之前，我很紧张。那时，C. 对我的兴趣似乎完全有可能减弱；我们初次约会时感到的兴奋——一种因为期待更多幸福而被放大了的疯狂的快乐——会在再度重逢时"蒸发"。彼时，我在朋友圈中享有"对爱情极其固执"的名声。我约会过很多次，但通常都十分短暂。自念大学起，我就没对任何人认真过。二十几岁的时候，这显得很正常，尤其是我还曾一度搬到纽约生活。但在我 35 岁左右的时候，周围越来越多的人找到了伴侣并且安定下来，我一直未能好好谈段恋爱似乎就成了一个问题。一位朋友花了几天时间，对我无法维系一段感情的所有原因进行评估后，说我有一颗擅长探测危险信号的心。另外一人开玩笑说，我在等待一位女性白马王子的突然出现。

在这两种"指控"中，后者更为贴切。虽然我确实总能想出原因来解释为什么与我约会的人并不适合我，但那从来都不是真正的原因。在所有情况下，真正的原因并不是存在令我想说"不"的东西，而是缺少让我想说"是"的东西。我曾尝试过，仅一次而已，在没有强烈内心认同感的情况下维持一段恋情。部分原因是，我试图认真对待这样一个说法：我对爱情的吹毛求疵是为了避免爱情中固有的脆弱的一种手段；部分原因是，确定的感觉可能不是从一开始就有的，而是会随着时间的推移而产生；部分原因是，这种特殊的关系在理论上似乎也行得通。可事实并非如此，勉强维持爱情令我感觉很不舒服，对另一人来说也非常不公平。与那人分手后，我向自己保证再也不会犯同样的错误了。后来，我一遇到 C., "是"的感觉油然而生，我有一种强烈的如释重负感，因为我对自我的坚持和等待都是正确的。但无论在何处，希望总是与恐惧相伴相生，在我们第二次约会之前，我很担心彼此之间薄弱的感情基础能否承载得起浓情蜜意，我害怕"是"的感觉会在我们再次见面时消失得无影无踪。

然后C.出现了。在一个阳光明媚的周五下午，她站在我家门口，手里捧着一束鲜花。多年以后，她给了我一本文学评论家菲利普·费希尔的书，里面谈到了万事万物蕴藏的惊奇感——从彩虹到伟大的艺术品再到显微镜下的一滴水，以及我们该怎样看待这些罕见且非凡的奇观。在书中，他指出人们在理解新事物的瞬间（"得到它的那一刻"），几乎总是会会心一笑。那天，我在家里再次看到C.时，忍不住笑了，并且笑得根本停不下来。那一刻我明白了，与找到她相比，其他再多的幸福都显得微不足道。我接过花，把它们放在桌上，然后扑进了她捧过花的怀里。在一片疯狂的喧闹中，我感受到两种互相矛盾的情感：世上没有比这更自然的感觉了，世上没有比这更令人惊讶的了。

不要理会那些显而易见的候选者，比如激情、崇拜、焦虑和幸福，坠入爱河的典型情绪是惊奇。最重要的是，这种体验会让你对即将发生的事情感到无比震惊。"我简直不敢相信你真的存在。"情侣真诚地对彼此说，就好像爱人是鹰头怪或者天使。在其他许多情况下，突然面对世界的不可预测性会让我们清醒或者心烦意乱，就像当我们珍视的东西突然消失时，失去会让我们感到震惊。但坠入爱河是这种邂逅美好的另一面，是生活送上惊喜时，我们能感受到的深深的喜悦。

惊喜的作用在于它揭示了之前被掩盖的东西，它在教会我们一些东西的同时，也在很多情况下暴露出我们的无知。在与 C. 第二次约会的整个过程中，我的脑海里一直飘荡着约翰·济慈的一句话："之后我便拥有了星空守望者的深情／看着一枚新行星游荡进了璀璨夜空。"在遇到 C. 后，我对宇宙的理解立刻不一样了，我意识到自己现在知晓了生命中最重要的事情——我找到了想要与之分享的人，尽管同时我也意识到自己对她几乎一无所知。这种无知，与其他种类的无知不一样，它不是无形或者被动的，而是明显且紧迫的，它积极地渴望被根除：从很大程度上说，坠入爱河就意味着你处于一种渴望信息的状态中。如果你和但丁一样是单恋的话，你就会试图从远处收集每一个细节。如果你运气够好，你将对爱人做一次全面、详尽的研究——她的身体、大脑、内心、习惯、家乡及一切。这种求知欲的彻底性和贪婪度是极具代表性的。总而言之，任何对爱的渴望——身体上的、情感上的、智力上的、有关存在的——都是渴望获得更多。

我想，这正是我和 C. 的第二次约会持续 19 天的原因。当然，我们并不打算把在一起的时间拉得越来越长。然后她又回到了北方，因为她那个月在纽约有一系列会议要参加，我住的地方离曼哈顿很近，乘火车过去很方便。彼时，正值哈得孙河谷的晚春。小巷深处的樱桃树和海棠树仍旧是粉白相间的繁花似锦，大街上的商店敞开大门迎接客人，农贸市场、草莓节和户外音乐节的旺季才刚刚开始。我建议她留下来，她同意了。

新生活开启了：在接下来的日子里，我们共同生活，一切仿佛处于朦胧的对立面，生动而警觉，好像我们不仅彼此完全陌生，世界也是全新的。有一天早晨，我们穿过一个公园，沿着小溪一直走到了哈得孙河，时值午后，金色的阳光洒在河面成千上万个蓝色水波里，波光粼粼。我们沿着溪流往南走，每隔几分钟C.就会说："快看！"她的手分别指向了一条从岩石底下蹿出的蓝鱼，一只半掩在泥里的癞蛤蟆，一只在河岸边一动不动的苍鹭。她告诉我，她很小的时候就对原住民文明产生了兴趣，因此，她的父亲会花好几个小时陪她在田野和海岸线上散步，教她怎么识别陶器碎片、斧头、研钵和箭头。10岁那年，她用了整整一个夏天，在父母为她在屋后搭建的一个临时考古挖掘点里工作；12岁那年，她去海滩游玩，在沙滩上四处搜寻，为一位陌生人找到了丢失的结婚戒指，对方因此心怀感激。也许是早期的训练增强了她的专注力，或者也许她只是天生就很关注这个世界，无论如何，我很快就见识到了她洞悉一切的非凡才能。走着走着，她就能在草丛中找到一株4个叶片的三叶草，看见树叶上停着一只螳螂，发现树杈的鸟窝里有一窝蛋。即使在开车的时候，她也能指出河岸上的乌龟、树枝上的老鹰，以及一只在远处田野上优雅小跑的狐狸，热爱自驾的她似乎从没把目光从道路上移开过。

这就是我和C.自共同生活伊始就有的感觉：异常细致、异常清晰。我喜欢和她一起看繁华的世界，透过她的眼睛观察世界的千姿百态。有一天，我们在暴风王山附近散步，这座山美得名副其实，还拥有一个同样美丽的露天雕塑花园，在万里无云的天空下，我们有点被太阳晒伤了。C.告诉我，弗拉基米尔·纳博科夫正是用"万里无云"一词来形容他与薇拉·斯洛尼姆长达52年的婚姻的。还有一天,我们在当地的一家当代艺术博物馆里闲逛,因为那里展览着高耸的巨石、撞瘪的汽车和成堆的碎玻璃,我开玩笑地把它称为"恐惧艺术博物馆"。"我明白你的意思了。"C.说,她站在我身边,抬头看着出自路易丝·布尔乔亚之手的一只2.7米高的蜘蛛。然后她告诉我,在民间艺术家詹姆斯·汉普顿创作的"万国千禧年大会第三重天宝座"(Throne of the Third Heaven of the Nation's Millennium General Assembly)中,蕴藏着"不要害怕"的训诫。后来,我们回到家里,双双四仰八叉地躺在沙发上看电影《双重赔偿》,狼吞虎咽地吃掉一整块比萨,像家猫一样懒散、满足。接下来的一周,我们一起在哈得孙河谷的乡间小路上散步,在小溪间往返,欣赏古老的农舍,谈论着我们梦想中的家。再次回到车里,她转过身,伸了个懒腰,对我笑了笑。她的身姿柔软,阳光洒在她的脸颊上,初露夏日的点点雀斑,这令我想起了巴勃罗·聂鲁达,这位诗人曾经为我们写下最甜蜜也最撩拨人的诗句:"我要对你做,春天对樱桃树做的事。"我也想对C.做同样的事,我当然做了。我想和她一起做无穷无尽的事情。

可怜的但丁,他虽然找到了爱,却从不知道爱其实也是一种持续不断的发现。在恋爱初期,初次被认可的激动会一次又一次地重现,就像一枚在海底闪闪发光的金币,将众人指引至西班牙沉船上各种各样不可估量的宝藏。起初和C.在一起的每一天皆是如此,充满了全新的发现:有些深刻的东西,以故意表露的形式展现出来;有些平凡的累积,来自朝夕相伴的日常相处。在相处中,我了解到

C.整天都喝黑咖啡；她不喜欢打电话交谈，但会定期寄送成打的手写信件；她和两个姐妹的关系很亲密，性格却截然不同，她们一个比她大两岁，另一个比她小 6 岁；只需睡上 5 个小时，她就可以精神饱满地投入生活；她不喜欢吃甜食，但与盐的关系却与那些大型野生动物，比如大象、水牛和野生山羊一样，为了满足自己的需求，不惜翻山越岭、蹚溪过涧。从 C. 的角度来看，她了解到我热衷旅行，却容易晕车；我更喜欢睡在漆黑如无月之夜的中世纪村庄房间里；早上 10 点以前我无法忍受音乐声；不管天气多么糟糕、我有多么疲惫，也不管我们即将要去别的地方，只要问我"跑步吗？"，答案总是"跑"。

爱，和悲伤一样，就像是液体：它到处流动，可以填满任何容器，浸透一切东西。它甚至把我们第二次约会中最平常的活动也淹没了。我喜欢和 C. 一起去食品杂货店购物，喜欢和她一起洗碗，喜欢在做日常工作时靠近她。C. 和我一样都是作家，在共处的时光中，她大部分时间都在我的餐桌上工作，被一摞摞书和文件包围，而我则在旁边的一张站立式书桌上写东西，她笑着看了一眼，马上开始说那是我的独轮车。每当我们需要换个环境时，我就带她去一个我很喜欢的公共图书馆，它就在南边几个城镇以外的地方。我们坐在一间小书房里，里面摆着绿色灯罩的灯、华丽的油画肖像，还有扶手椅，这样的陈设看起来像是专门为了让猎狼犬睡在下面而设计的。小书房被人占用后，我们转而要求坐在通风的中庭里一张宽大的木桌前，兔子和知更鸟每天在外面的草地上吃 40 多顿饭，我在午后的阳光下心猿意马地看着她的脸，严肃地深思着。最后，我第一次给她看了我正在努力完成的一篇文章的初稿，她给我看了她刚刚开始动笔的那本书的开头几页。

我们不写作的时候，通常是在读书，有时是为了工作，有时是为了消遣，有时一起读，有时各看各的。有一天，她从我的书架上拿了一本詹姆斯·高尔文的《草地》，坐在沙发上，一口气看完了——她也不是真的坐在那里，准确地说是趴着躺在那里，脚跟在身后踢来踢去，就像一个在下雨的星期天里手不释卷的孩子。她太沉浸在小说里了，以至根本没有注意到我频频从工作中抬起头来，想获得她的体谅。晚上，我们大声给对方朗读那些各自看了一半的书，或者我们喜欢并且想要分享的东西，就像我说自己不怎么读弗兰克·奥哈拉的诗后，她就带了一本他的诗集上床睡觉。"欲为我开解忧愁，你只需宽衣解带。"她一开口，即是低沉、亲切且有趣的声调，令我立刻改变了对奥哈拉的诗的看法。

这就是我的新生活，它简直令人难以置信。我天天有惊喜，时时有惊叹——如此美妙的事情居然真的在我身上发生了。我凌晨三点去厨房做煎饼时，这种强烈的感觉抓住了我，我将永远铭记在心。C.说她饿了，于是我们从卧室走下楼来。尽管她身材窈窕，可我却发现，C.的新陈代谢和一个16岁的男孩差不多。现在她坐在一张凳子上，把盘子放在腿上，津津有味地吃着第八张或第九张煎饼。台面上放着一罐敞着口的果酱。空气中弥漫着淡淡的面粉和黄油的烘焙香味。我们的身影印在窗户上，屋内亮堂堂的，将夜色衬托得更加黑暗。浪漫满屋,幸福好像变成了站在我们身边的第三者。

在此之前,我一直过着非常幸运的生活。安全、富足、健康、接受了顶级的教育、做着一份自己热爱的工作、在优渥的环境里长大成人,它们令我心平气和、处世自在:就算是世上分配最不公平的事物,我都已经享受过了。我经历的痛苦,包括年少即识愁滋味,以及任何人都无法避免的日常悲伤和恐惧,无论用任何标准来衡量都是适度的,而我的快乐庞大得漫无边际。所以,我遇到 C. 时,幸福蔓延得如此迅猛、强劲,让人震惊不已。济慈笔下的"星空守望者"是威廉·赫歇尔,这位天文学家在识别天王星的过程中,几乎在一夜之间将太阳系的已知边界扩大了 14.5 亿公里。同理,因为有了 C.,我的幸福也扩大了。

在午夜吃完煎饼后的次日清晨,我醒来,发现床上空无一人。下楼的时候,我透过房子巨大的落地前窗看到了 C.,她坐在院子里的野餐桌旁,已经工作了很久。她穿着牛仔裤,上身是一件格子衬衫,袖口被随意地卷起,身边放着一杯咖啡,面前摆着一本拍纸簿。她背对着我,而我站在那里,透过窗户望着她,看了很长时间。前一晚,在厨房里,有她存在的世界似乎被施了魔法——在闪闪发光的欢乐中,一切简直太不真实了。可是那天早上,我忍不住盯着看的是极其平凡的一幕:她就坐在那里,和我在家里过日子,在我的生活中留下了她的印记。第二天,C. 去曼哈顿工作时,我打电话给姐姐,告诉她我已经遇到了想要共度一生的人。

爱人之间的相似性和差异

诗人安妮·卡森曾经说过，浪漫唯美的爱情故事总是关于爱人、被爱之人，以及两人之间的差异。这完全正确。但同样正确的是，浪漫的爱情，尤其是情侣们自己讲述的故事，总是关于爱人、被爱之人，以及两人之间的相似性。在爱情中，差异和相似性都是不可避免的，我们的文化总在争论这两者究竟哪个更重要。民间智慧一方面告诉我们异性相吸，一方面又说同性相吸。"你一定得见见某某某，"准媒人信誓旦旦地说，"你们有很多共同点，一定谈得来。"

C.和我有什么共同点呢？奇怪的是，我很难说出这一列表上哪些对我们的幸福产生了实质性的贡献，哪些又是无关紧要的。我第一次坐C.的车时，她一给汽车点火，米兰达·兰伯特就突然从收音机里冲了出来，因为她上次熄火的时候停在了当地的乡村音乐电台上，并且把音量调到了11。她很尴尬，我却没来由地兴奋。我确实喜欢乡村音乐，而我的朋友中很少有人有这种偏好（而且大多数人对此不屑一顾），但不知道为什么，当我看到C.也喜欢乡村音乐的时候，竟会如此感动，如此充满了希望。纵观一切，没什么比这更重要了吗？

是的，事实上，我们还有许多共同点：旧货店淘宝爱好者、法兰绒衬衫死忠粉、讨厌令人惊恐的伪蔬菜——小玉米。显然，这些都是无关痛痒的小事。它们与我们对爱和承诺、养育孩子和家庭、道德和政治、自我本质和宇宙起源的信仰毫无关系。然而，你得把生活中的大部分时间都花在鸡毛蒜皮的琐事上,所以,谁又能说这些事情不如我们共同拥有的更深层次的愿景和价值观重要呢?当情侣们在婚礼上庆祝对某些事物的共同热爱时,《龙与地下城》、培根、角色扮演,或者维姆·文德斯的电影等充其量只能在持久的两性关系中发挥次要作用——情侣之所以情投意合并非仅仅因为这些事情,但它们的确承载着非同凡响的意义。甚至,也许在它们看似琐碎的背后,恰是一种特殊的习惯:证明彼此是对方的真命天子,说明找到天造地设的伴侣和拥有完美无瑕的爱情有多么不可思议。就我的经验而言,这也许正是所有幸福的夫妇都会从一些看似肤浅的共同之处获得乐趣的原因。

然而,即使你和伴侣在表面和内在方面都很相似,你们肯定也有差异。"相似性并不会使事物更加相像,差异却会令事物与众不同。"法国作家蒙田如是说,"大自然许诺,绝对不把没有差异的东西分开。"在某些方面,C.和我完全不同。有些差异是我慢慢发现的,有些则是我从一开始就认识到的。我俩初次共进午餐时,虽然我并不明白自己为何如此用心地关注她的生平和其他一切,但已经发现我们在年龄、背景、地理位置和宗教信仰上存在许多明显的差异。

其中,宗教信仰起初是最明显的差异。无论是从母亲一方,还是从父亲一方来说,我都是犹太教徒——或者无论如何,就像老笑话说的那样,我是犹太人。小时候,每逢赎罪日,父母都会带我和姐姐去犹太教堂;每年逾越节我们都会举办家宴;光明节的 8 天里充满了欢声笑语;一年到头,我们还会庆祝一些受儿童欢迎的节日,比如普林节、住棚节、诵经节和植树节。我上了 7 年的周六学校(尽管它是在周日开课的，大概是为了避免与曲棍球和足球训练撞车；寺庙所处位置是如此的偏远，以至它实际上被称为郊区寺庙），等到时机成熟，我学习了一部分《托拉》的内容，并且很快参加了犹太女子受诫礼。

对一些孩子来说，这一切足以培养他们过上有信仰的生活。但我们的教会并不大，我也不是其中最好的学生；我虽然接受了所有表面上的宗教教育，但对犹太历史的了解非常肤浅，对神学知之甚少，对任何被称为信仰的东西都一无所知。它唯一培养我的是一种与古老而脆弱之物相连的感觉，以及对构成这种联系的传统的热爱。我仍然会以祖先的名义，以及出于对每个人都有义务消除世上黑暗观念的尊重，在犹太节日里点燃蜡烛；我至今为"谢赫切亚努"欢欣鼓舞，这是一种在特殊场合才会念起的感恩祈祷；我在赎罪日诵读"所有誓言"时仍会神情庄重；很少有什么东西能像希伯来经文里的片段或者凄美哀婉的希伯来语歌曲那样，把我迅速地带回童年的广阔奇迹中。羊角号被吹响后发出的古老召唤，在圣殿里久久徘徊，也同样在我心底留下了永久的回响。

但我对宗教的虔诚也就到此为止了。善良与正义、痛苦与邪恶、宇宙的起源与终结、自我的本质、如何对待彼此、如何在短暂的人生中活出最精彩的自己，这些都是我强烈感兴趣的问题，可我却从未在任何有关信仰的答案中得到满足或者慰藉。从宪法、教育或二者兼具的角度来看，我对宗教的权威深表怀疑，虽然我对宇宙中许多深不可测的奥秘很感兴趣，却不相信存在一个无所不能的造物主。

C. 相信。自孩提时代起，她就对诗人杰拉德·曼利·霍普金斯所说的"世界充满上帝的辉煌"感同身受；于她而言，圣洁总是存在于万事万物之中。她在路德教会里长大，大学毕业后学习神学，有段时间甚至考虑过成为神职人员。最终，她从事了写作，但在此之前，她曾在医院和教区做过一段时间的牧师。我们初识时，她偶尔会在周日上午布道，如果当地牧师生病或者不在镇上，她还会应邀去主持婚礼和葬礼。

即使在我们最初相处的日子里，我们也无法忽视彼此间的这种差异。我自己的宗教背景和不信教的信念很明显，我们第一次共度周六之夜后，翌日清晨，C.一起床就去了教堂。我对这件事最初的反应，在某种程度上也是最持久的反应，是把它当作一个天大的笑话。这种反应不是来自她的信仰，而是源于我居然爱上了一个如此虔诚的人。曾经有一位才华横溢的编辑看到我对国际空间站高涨的热情后向我坦白，他对平流层以上的任何东西都不是特别感兴趣。在C.之前，我也和一些人交往过，他们给人的感觉与之类似：对各种世俗事物着迷，却基本上对我最关心的宇宙哲学和存在主义问题漠不关心。仅仅出于这些原因，这样的约会冒险通常注定要失败。即使在我最疯狂的想象中，也没有期望通过爱上一个人来解决这个问题，而在此人的生命中，最重要、最持久的关系就是与耶稣的关系。

然而，不论是否好笑，鉴于C.的基督教信仰和我的犹太教信仰之间的鸿沟，以及她的虔诚和我的无神论之间的差距，成熟如我，知道这样的双重差异肯定会对我们的关系造成某些影响。首先，存在一些现实问题。我不确定能不能在家里摆放圣诞树，我希望假想中的未来的孩子至少能有部分犹太人的感觉,并且接受教育,从而比我更好地了解身为犹太人意味着什么。(显然,我们的孩子周六和周日都得去学校。)还有潜在的情感问题。我有时仍然会意识到自己无法带给C.那种在每个星期天陪她去教堂、一起低头做祈祷、在共同信仰的庇护下与她比肩而立的幸福。

但是C.向我保证,她从未想象过这种幸福,也不会为没有它而感到痛心。的确,我从来感觉不到她希望我成为另一个人。我也不想迫使她向我靠近。我觉得她的信仰很感人,也具有启发性,与她是谁密不可分,就算可以,我也不想改变它们。然而,这些信仰对我来说仍然很陌生,有时也会明显地表现出来。C.总是非常认真地对待我的犹太教和无神论,并发现两者在道德上都挺有说服力的,我却不敢说自己对基督教始终很宽容。在这一点上,我们不一样。有一次,她告诉我,在童年的教堂生涯里,她既当过执十字架的人(扛着十字架进出圣殿),又当过教士助手(点燃圣坛上的蜡烛),我自作聪明地回应说,后者应该被称为"堕落天使路西法"。

她听完笑了,那笑声与我每次嘲笑、亵渎或者对她的信仰表示困惑时的反应一模一样。在我的记忆中,不同的宇宙观从未给我们带来过任何真正的摩擦或恐惧。部分是因为它们都过于强大,无法迫使另一方屈服或者参与。但主要原因在于,尽管它们不同,可实际上并不完全矛盾。我从以前的恋爱经历中艰难学到的一个教训是,你和那些与你关心的问题不一致的人能取得的亲密程度是有限的,不是因为他们不行,而是因为你们的思维导向完全不同。相反,我从与C.的爱情里学到的奇妙一课是，如果你们真的关心同样的问题，那么能否取得一致的答案反而显得没那么重要。我和 C. 的答案并不一致，但我们的思想自然地转向了相同的事情——生命的起源和终结，以及怎样在两者之间过上有意义的生活这一谜题。她向我指出它们无穷无尽的日常变化，好比树上的老鹰或者芦苇丛中的苍鹭。每当在广袤神秘的田野里陪伴她左右，我都觉得自己别无所求。

向爱人展示童年的家

当然，没人知道这个问题的答案。我与 C. 坠入爱河之际，父亲只剩下 18 个月的寿命了，我希望他能再和我们在一起 5 年、10 年或者 20 年，但我每天都心存感激，因为他已经活得足够长，长到两人已经见面了。在第二次马拉松式的约会中，我把有关 C. 的事情告诉了他和母亲。此后不久，我计划周末短暂回俄亥俄州看望他们时，意识到自己非常想带她和我一起回去。在一段恋情伊始就提出这样的提议其实有点为时过早，而鉴于我过去的行为举止，这简直早得令人震惊。但我既知道父亲身体不好，也知道自己对 C. 有多么认真。我问父母，对于见到她一事有何想法，然后得到了他们热情的回应；我问 C. 怎么看，她说觉得不胜荣幸。于是，一周后，我俩发现自己待在荒无人烟的路边，等待一辆拖车的相助。

此处提到的这个偏远的地方位于宾夕法尼亚州中部。我们于一个星期五的下午离开了哈得孙河谷，一直聊到将300多公里的高速公路甩在身后，车里也完全黑下来，然后我们在附近找了个地方过夜。第二天早上，我们起床，吃完早餐，上路开了20分钟，车爆胎了。我既没有备胎，也无法获得任何形式的道路援助（事实上，我甚至连一辆车都没有；出于复杂的原因，我是开着父母的车子回去看他们的），但C.是3A会员，所以她打电话喊来了拖车。之后，她从前座拿来了冰咖啡，把我领到一片长满了蒲公英的阴凉草地上，让我坐在她旁边等着。

与此同时，往西约500公里处，我父母楼梯的走廊上挂着一个相框。这是母亲很久以前买的，它可以让你在幼儿园至十二年级之间，每年放一张在学校时的照片——这一设计的初衷，足以羞辱我们这些经历了10年尴尬期的人。我一直不忍心让母亲把它取下来，尽管它在墙上占的面积不超过30厘米见方，但那天早上我和C.继续开车上路时，它还是占据了我大脑30%的空间。在小学阶段，孩子们通常还是很可爱的，可我却是个审美灾难，并且自小学以后，情况变得更糟了。除了婴儿肥、牙套和那不知该如何是好的卷发，我毫无时尚感，也没打算在这方面有所造诣。相反，我把这件事情托付给了好心却守旧的母亲，结果，多年以来我每天都以一个迷你版中年妇女的形象出现在学校里。

身为一个成年人，我觉得最好笑并且在很多方面都很感激的，正是我那被排斥在社交圈外的童年,所以一想到 C. 看见那些照片的场景,一阵真切的尴尬感令我无比惊讶。从理智上说,我明白,每个人都有令自己难堪的过去,而在真正的亲密关系中,你迟早需要分享它们。但我和她都觉得早点也无妨,我曾在宾夕法尼亚的收费高速公路上短暂地纠结了一会儿。我想,等到了我家后,我要不干脆溜出去一会儿,免得在她看到令人屈辱的证据时,我会尴尬地无地自容。

当然,那是不可能的。这些照片也并非唯一困扰我的事情,C. 和父母聊天时,剩下的其他东西都不能被匆匆移除。走廊尽头有间卧室,里面仍然堆满了儿时的杂物(如果你打开错误的柜子,一堆乱七八糟的布雷耶马、比利·乔尔的激光唱片和军乐队的装备很可能会砸到你身上);还有房子本身,即使对一个四口之家来说它也很大,何况里面只住着我的父母,它简直大得离谱;而且,最不可避免的是,它所在的小镇遍布着都铎式的花园豪宅。我成长的克利夫兰郊区不仅是一个适合成长的好地方,也很适合离开。对于这件事,我其实思考了很久。如果要描述我对家乡的感情,最准确的词语是"五味杂陈":不知为何,它既是我的基本组成部分,我根本无法想象没有它的自己,又和我如此不像,以至我无法想象自己会选择住在那里。

那天早上,我和 C. 一起往西开车,我无法停止通过她的眼睛来想象这一切。可以说,它让我们明白了彼此间的另一种不同,这是和宗教信仰一样显而易见的不同,但在我们直奔主题之前,它都没有那么迫切地引起我的注意。C. 在马里兰州的东海岸长大,这里距离我 600 多公里,跨越了许多个文化时区。那是马里兰州一小块被围困住的土地，属于德尔马瓦半岛的一部分，西临切萨皮克湾，东与大西洋接壤。直到 1952 年海湾大桥建成前，从她的家乡抵达大陆需要花上好几个小时，结果导致该地区发展得和岛屿一样：缓慢、独特、相对孤立。此后几十年，它在很大程度上保留了早期的特点，这使得它尽管在地理位置上靠近东北走廊线，却在文化上离得很远。

这种文化距离部分源于其政治地理。马里兰州的北部边界与南北分界线（梅森-迪克森线）齐平，与贝塞斯达或者巴尔的摩不同的是，东海岸人明显仍然过着南方城市的生活。正是东海岸赐予了我们伟大的爱国者弗雷德里克·道格拉斯和哈丽雅特·塔布曼，同时也带来了奴隶主。重建运动未能使这些阵营和解，也没能纠正该地区的错误，与全国的许多地方一样，种族不公持续存在，事实上的种族隔离普遍存在，邦联旗帜遍地开花。不过，东海岸上空也飘荡着其他更好的南方影响：它们存在于当地人热情好客的本能中；在 8 月午后的生活节奏里；在一个由先天沉默寡言者和天生健谈者共同组成的群体中；在精心保存和经常被援引的公共宗谱中，它记录了在你的卢拉阿姨出生之前，某某人的爷爷曾和你的舅祖父杰克在猪畜棚路后面的机械店里一起工作。南部或者南部的某些地区还停留在重新叙述这一切的口音里，它听起来就像是匹兹堡市把辅音卖给了卡罗来纳州。只要 C. 待在家人身边，她就会重新陷入这种口音里；她每次这么说话时，我都很想吻她。

从传统上说，东海岸的大多数人都以陆地或者水域为生，但是海湾大桥建成后吸引了富有的退休人员和通勤者，他们想在水上安第二个家。尽管如此，除了几座小城市和一些特别富裕的地方，农民和工薪阶层仍然是该地区的主力。幼时，我朋友的父母都是医生、心理学家、律师、商学院教授和石油工程师。C.周围的成年人基本上是卡车司机、建筑工人、农民、船工、电焊工和服务员。她的父母与家乡95%的人一样，都没有上过大学。她的母亲在美国邮政总局当邮递员，利用业余时间贴补家用；她的父亲为了养家糊口，同时打了好几份工：银行保洁、为商店备货、运送垃圾、处理废金属、为拥有二套房产的业主美化景观、照看屋宇。

严格来讲，C.出生并长大的小镇并不是一座城镇。它只是一个人口普查的指定区域，据人口普查数据显示，包括她家在内，那里共有167户人家。C.在农场长大，在开汽车之前甚至学会了开拖拉机，但她的童年是在抓螃蟹、乞求叔叔和家人朋友们带她去钓鱼中度过的，这与其东海岸居民的双重身份相得益彰。童年的她也和父母一起工作，比如整理废品，堆柴火，在他们打扫银行的时候帮忙倒垃圾，用吸尘器吸地毯。独处时，她会参加四健会的夜间活动，参加暑期圣经班；一旦出了家门，她惊讶地发现纽约离家居然只有4小时的车程。简而言之，不管怎么说，C.来自南方的一个工人阶层小镇，而我来自富裕的中西部，那里不属于农民和汽车工人，而是石油大亨和铁路巨头的天下——当车子在宾夕法尼亚州中部突然爆胎时，我的脑海里就形成了这样的对比。

所有的恋爱都是一种间断，是世间万物有序轮回中的一次停顿。热恋中的工作狂们五点就下了班；热恋中的早起鸟们在床上缠绵到中午；热恋中的愤世嫉俗者用闪着星星的眼睛看世界，宣称世界美如斯。但是那天早晨，在高速公路旁，却发生了一次停顿中的停顿——这是自我们初次共进午饭后享有的小小间隙，当时间悄无声息地溜走，我们钻了进去。在这个世界里，除了坐在一起静静等待，无事可做。我们的处境不佳。尽管已经有些记不清楚了，但我想，路肩上一定有垃圾，空气中绝对弥漫着柴油的味道，还有附近车道上牵引拖车断断续续刮着的热风。所有这些，如果真的存在的话，其实也并不重要。重要的是，不知怎的，我们坐在那里交谈，我隐约感受到曝光感开始减弱，内心的信念却越发坚定：我已经找到了这样一个人，只要能和她在一起，无论我、我们或者这个世界的明天如何，生活都会变得更加美好。

就这段感情而言，我们还依然那么生疏、那么年轻，对彼此还需有许多了解，也有许多需要解决并且尚待决定的事情。然而，在高速公路旁，时间在一瞬间展现出其真实的面目：过去已去，未来未来，当下完美无缺。电话里，开拖车的人说一来一回需要90分钟。然而，两个小时已经过去了。咖啡里的冰块早已融化。阴凉处消失了。在明媚的正午阳光下，我们的牛仔裤暖和得令人愉快，蒲公英看起来就像孩子们画的太阳，圆圆的，泛着光，黄得耀眼。我们似乎有可能永远这样挨坐在一起，这一点儿也不令人厌烦。看着路面上越来越少的拖车，C. 开玩笑道："好吧，也许这是真的：你再也回不了家了。"

我放声大笑。当然太好了！我都在想些什么呢？在一路向西的过程中，我的心里充满了对 C. 将怎样看待我家乡的担忧。我们中的大多数人只能部分适应过去的自己，而且大多数人在过去的家里都感觉浑身不自在。即使我们深爱家人，即使我们有时渴望和他们在一起，即使我们对厨具抽屉里最后一把古老的橙色抹刀了如指掌，仍会不可避免地因长大而不再需要它们。世界那么大，相比之下，无论你来自何处，它最终都会显得很小。这不仅仅是因为一旦你离开家乡，就会遇到截然不同的人和事，还因为你的生活也开始变得不同。从这个意义上说，我对童年的家的自我意识其实（就像经常发生的那样）更接近于他人的意识：一个对我来说如此熟悉的地方，在一个从未到过那里的人眼中究竟是什么样的。

但在那一刻我意识到，为 C. 担心这一点是很愚蠢的，她比我更加了解不完全融入自己生活的感觉。她从小就有一颗不同寻常、兴趣广泛、求知若渴的心，部分是因为这个原因，还有部分原因，她自己也说不清，直到很久之后她才发现，自己总是与他人保持一定的距离。C. 很早就意识到自己喜欢阅读，于是，她的母亲开始沿着邮递派送的路线从顾客那里把二手书带回家；她的父亲虽然不像她那样具有文学细胞，却以他所知道的最好方式来支持 C.——在她和妹妹共用的卧室里为她搭了个书架。当 C. 发现自己也喜欢思考时，就培养出了无论在什么环境下都能这样做的能力，这一习惯意味着她的安静有时会让周围的人感到不安。在学校里，她对学业毫无歉意的专注会让另一类孩子（首先是我）赢得书呆子的名声。相反，她和那些与他人稍微保持距离的人一样，总是自带一种无情的冷静。

17 岁时，她去了哈佛，奖学金不包括教科书和回家的路费，当然也不包括与同学在小餐馆而非食堂里的聚餐费。她找到了一份打扫宿舍浴室的工作，并且在大学的第一个学期里，总共只花了23美元。在很多方面，她都与周围的文化格格不入，却在一个至关重要的方面没有这种感觉：有生以来，她首次发现自己待在了一个能够提供充足的教育资源，进而满足她所有学习欲望的地方。她学英语，办了一份文学杂志，与研究生、教授以及纪念教堂里的首席牧师成了朋友。C.晚上一般待在图书馆里，阅读、思考，而同学们都认为她去参加了更炫酷的派对。毕业后，她荣获罗德奖学金赴牛津大学深造，用助学金里多出来的钱周游欧洲和中东。最后，在离家10年后，也就是我们相遇的两年前，C.搬回了东海岸，与离开时的自己间隔了数不清的文化光年。

那时，她和许多背井离乡去外面闯荡的人一样，生活在与原有的圈子基本上互不相交的世界里。C.身上某些核心的特质对于与她一起长大的大多数人来说，是隐形的或无法解释的，还有一些特质对于她成年后遇到的人来说，则是晦涩难懂或者格格不入的。通常来说，她能轻而易举地处理这种分歧，但所有人都渴望他人看到完整的自己，坠入爱河时更是如此。事实上，我们太过渴望，以至会害怕。或者，更确切地说，我们害怕如果将自己全部暴露，就会失去爱情。这就是我在回童年家里的车上一直担心的事情：一旦我和C.到了那里，她将看到我年少时笨拙的痕迹，还有那些全部的平庸、狭隘、精英主义，以及与郊区相关的特权（有时这没错）。直到后来我才知道，她的恐惧与我的恰恰相反。尽管她拥有非凡的履历、百科全书式的头脑，以及能够阐明黑格尔哲学的精妙之处并巧用玛丽安娜·穆尔的名言，C.仍然担心，当我将她置于过去的生活背景中，会发现她其实像个随风飘摇的乡巴佬，就像她成长之地的人们常说的那样：鸡窝里飞出了金凤凰。直到今天，在脆弱的时刻，她还会担心自己以某种方式向我或者世界暴露出土包子的丑态。

在我看来，这简直荒谬至极，原因有很多：她才华横溢、见多识广（堪称宇宙公民）；我爱她的出身起源；她比任何人都清楚，她所恐惧的是关于农村和工人阶级生活的假想，而它们并不足以反映现实。但与此同时，我太理解这种感受了。无论你来自哪里，也不管你对原生家庭有多么自豪，无所谓你与所爱之人有多少差异，在严格的审视面前，要想一刻也不为自己感到尴尬是非常困难的。

最终，夫妻们都会不可避免地过上极为重合的生活。随着时间的推移，你们开始分享的东西越来越多：朋友、家庭、房子、早晨的例行之事、最爱的餐馆、令人讨厌的邻居、管道被冻住的那个冬天、喜欢在冰箱顶上睡觉的猫、一起度过的第一个圣诞节、第四十五次逾越节家宴、一次可怕的健康危机、在宾夕法尼亚州收费高速公路上爆胎。然而，即使在稳步扩大共同兴趣点的过程中，每段关系最恒久的挑战都是跨越差异地去爱对方。无论你和爱人之间有多么相似，或者可能变得有多么相似，情况都如此。"我的爱人就像一朵红红的玫瑰。"这是人们常用的爱情类比。然而，你中意之人的关键点，即你爱上她的全部原因，在于她是世界上独一无二的存在。这当然也包括你自己：你的爱人和你不一样。

没人会立刻接受这个事实，也没人只接受它一次。现实一次又一次地提醒我们，爱人并非总和我们拥有相同的想法、感受、参照系、反应、需求、恐惧和欲望。但总的来说，一段幸福的爱情，始于珍惜相似之处，终于在意不同之处。我永远无法郑重声明自己最爱 C. 的哪一点，我对她爱得无以复加。但是，我常常对她身上那些最不像我的地方心存感激，并且充满了温柔和敬畏之情，这既不是一种虚假的安慰，也并非一种张嘴就来的夸张。正是因为它们的存在，我才清清楚楚地看到了她；正是因为它们的存在，我自己的世界才变得如此广阔。我可以郑重声明的是，她能爱我身上与她自己最不像的地方，是除了父母，别人给过我的最好的礼物。

碰巧的是，我和 C. 发现，在这段和平的关系中，我们最喜欢的表达爱意的方式就是从共同点里找差异。某天晚上，我为彼此之间某些我再也想不起来的分离而感到焦虑，她苦思冥想后，抛出了一首我珍爱多年的诗：罗伯特·弗罗斯特的《西去的溪流》，这首诗采取了新婚夫妇对话体的形式。他们在野外沿着一条向西流动的小溪散步，其中一人指出，该地区其他所有河流都东流入海，而这条小溪却向西流，这显得很奇怪。大自然对这条小溪的要求也不例外，但是：

小溪一定
相信自己可以反向而行
就像我能接纳你——你能包容我。

反向而行：这正是 C. 和我从一开始就在做的事，尽管我们没有这样说；这也是那天晚上我们向对方许下的永久承诺——让我们红尘做伴，活得潇潇洒洒。我从不觉得信守这一承诺很难，主要是因为，我和小溪一样，无论在任何时候漫步至何处，最终都必须朝着一个方向前进。"'北在哪里？''北在那里。'"诗歌开头这样写道。但是听着 C. 的声音在那个晚上静静地流淌，美妙的韵律中充斥着明媚的阳光，我想，并且从此以后都坚定地认为：北就是你。

C. 和父亲初次见面

当然，我们最终还是抵达了俄亥俄州。接下来的路程我有点记不清了，但我记得到达时的情形。我的父母当然知道我把人带回家见他们意味着什么——他们不是傻瓜，也很了解我。我们把车开到了车道上，他们几乎和我一样对 C. 感到兴奋。"我们修了灌木丛，补了屋顶上的漏洞，粉刷了车库内墙，刷了牙，把自己打扮得很可爱。"那天早上我发电子邮件告诉父亲我们已经上路时，他是这样回复我的。我记得在走廊里向一群人介绍了 C.，父亲以其特有的豪爽，问我们需要吃什么、喝什么，母亲一见到我们在家里，就高兴得心花怒放。然后我把 C. 带进客厅，挨着她坐在沙发上，听她回应艾萨克·舒尔茨的经典"审讯"。

直到长大成人,我才意识到有多少人初次见到父亲就觉得他极度令人生畏。任何进入他生活圈的人都会立即成为他全方位好奇心和无限热情好客本能的焦点,他会将笑话、问题、接二连三的信息和口音浓重的英语一起砸向目标对象。这些对我来说都不值一提,因为我从0岁起就知道他是个虚张声势、仁慈的人,并且享受被人崇拜的感觉,但这些特质却把我一些比较害羞的朋友吓着了。在乡村音乐中,父亲们坐在前廊上,一言不发地擦拭着枪,以此来迎接女儿的追求者们。可我的父亲却会邀请你进屋,为你奉上一份三明治、一杯苏格兰威士忌和三种不同口味的冰激凌,与你无所不谈,对你刨根问底——对某类人来说,这会显得加倍吓人。

事实证明,C.不属于那类人。我从来没有像第一天坐在那里听她和我父母谈话时那样满心欢喜,生命中有了她,我无比骄傲、自豪。(母亲后来告诉我,他们坐在那里看着我们,内心也洋溢着同样的喜悦。)在所有的问答中,有一段对话特别引人注目,这是由于C.从小就被教育要喊长辈"先生"和"女士"造成的,要知道,在我的童年时代,从来没人这样要求我。我的母亲——她一直努力教导孩子们要有礼貌——发现这一点很有魅力;我的父亲想了解她的父母是否曾在军队服过役。"没有,先生。"她回答道。在她的家庭和来自的地方,一切就是这样的。"好吧,即使如此,你也得从现在起叫我艾萨克。"父亲说。我知道C.从来不会掉链子,她也的确没有。"好的,艾萨克先生。"她回应道。

父亲笑了，这不仅是出于欣赏，现在我想，也是出于一种认可。从一开始，他就非常喜欢C.。虽然他们出生在两个大陆，年龄相差40岁，但我怀疑他在C.的身上看到了自己的影子。和平时一样，父亲还是比我敏锐：在那天以前，我没有注意到这两人有何相似之处，因为他们之间的差异实在非常明显。除了显而易见的年龄、性别和背景差异，我的父亲几乎总是很合群，而C.有时在外面显得寡言少语。但他们生活的环境很相似，都是完全靠自己的聪明才智跃迁到了另一个阶层。我坐在那里听他们说话时，惊讶地发现C.的很多想法竟然让我想起父亲的思维逻辑。

C.和我的父亲一样，早年能够获取的知识十分匮乏；或者也许更恰当地说，她的知识源于后天突如其来的滋养，从最初读报或者去图书馆里冒险时，她才意识到自己有选择坐下来学习的权利。我想，一些童年自学成才的人会长期对自己学识的合法性感到焦虑。但C.和我的父亲都学会了独立思考，并且不知何故地坚持了下来：他们有着深刻、清醒、极具独创性的头脑，远不像大多数人那样容易被学舌者或者油嘴滑舌的人影响。两人皆博闻强识，堪称我遇到的人当中拥有非凡记忆力的"最强大脑"——他们的记忆迅速、丰富且极为可靠，发挥出一种辅助智能的功效，可以随时为你奉上所需信息，并且为不同的主题提供微弱而惊人的联系。

这种特定天赋的另一面是，在这通常近乎完美的回忆中，任何短暂的小故障都会令他们抓狂。思路堵塞时，父亲会把眼镜推到额头上，眯起一只眼睛，仰着头，露出痛苦的表情，发出一声长且反复循环的闪米特人的"啊啊啊啊嗷嗷嗷嗷呀呀呀呀",我的上颚根本发不出这种声音,然后他用极度恼怒的语气说:"快点啊,艾萨克。"我后来才了解到,C.的版本则是说"给我几分钟",(她的意思是"现在,请在任何情况下都不要发出任何声音或者说任何话,包括'不要紧'"),然后把头埋在双手里,如果她坐着,就向内蜷曲,好像丢失的事实就储存在膝盖附近一样。就这样,我看到他俩痛骂自己,然后终于记起来了,比如,10年前,他们阅读过的一本巴尔扎克短篇小说里某个次要人物的名字——在这种情况下,我应该补充说,我连书名都记不清了。

随着时间的流逝,我发现C.身上存在其他一些让我想起父亲的特质,但这些东西并非都处于性格谱系中光辉迷人的那一端。其中包括间歇性但令人印象深刻的固执;恐吓威胁他人的能力,尽管这并非总是出于偶然;并且,与其整体平衡相反的是,面对能够轻易觉察的轻视时,他们会因一股骤然升腾的骄傲而瞬间暴怒。但那天,我挨着C.坐在沙发上,所有这些发现都尚未发生。在那一刻,听着她和父亲的谈话,我意识到两人在某些方面有多么相似,也发现这完全不应该令我感到惊讶——事实上,即使是那些从未见过我的父亲、C.或者我的人都不应该感到惊讶。因为这是另一种关于我们该如何寻找爱的理论:我们遇到它、能够认出它,是因为对它的熟悉感,爱并非像柏拉图认为的那样来自前世,而是源于我们早年的生活体验。如果说我们与第一个看护者的关系确实会影响我们成年后的择偶观,那么我会被这样一个固执、自我造就、独立、忠诚并且才华横溢的人吸引也就不足为奇了。

C.与我的父亲还有一个共同之处是热爱体育运动，这一点在她为了看金莺队比赛而推迟与我约会时，我就知道了。那天早上，在沙发上接受完"审问"，我们四人走向一家餐厅的门口，准备去吃早午餐。她淡淡地说："那是勒布朗·詹姆斯。"果然，他就在那儿，从隔壁的餐馆里冒了出来。这发生在他从迈阿密热火队归来后再度转会湖人队之前，在那段漫长而美丽的时间里，他凭借一己之力把骑士队从联赛中最差的球队送上了NBA总冠军的宝座，终结了半个世纪以来克利夫兰这座城市在所有职业体育球赛中的连败纪录。因为我和C.只是周末才过来，而且有要把她介绍给我的父母这一重要的事情，我完全想不到要和她一起去哪里旅游，比如带她去美术馆或者摇滚名人堂。但那天早上看到勒布朗是在克利夫兰最有可能发生的事情，就好像走进一家巴黎的法式糕点店，走出来就能看见埃菲尔铁塔。

在餐馆里，C.和我的父亲开始闲聊体育。他友善地开玩笑说，她"偷走"了克利夫兰·布朗队，并将其命名为乌鸦队；她否认自己对巴尔的摩的特许经营负有任何责任（就像东海岸人喜欢叫马里兰州其他地方的人"西海岸人"，可实际上这些人并不认可这一说法），并指出，1996年前后，布朗队的价值还够不上"偷窃"，顶多算"小偷小摸"。在这段讨论即将结束的时候，我们点了午餐，分好了三明治、凉拌卷心菜和泡菜，还要了番茄酱，加满水和咖啡后，C.问我的父母他们是怎么认识的。

当然，这个故事我已经听过无数遍了。我的母亲在密歇根大学读本科的时候,开始和一个同学约会。仿佛命中注定一般,那人名叫李·拉尔森,他是我父亲在底特律时期最好的朋友。他们还是孩子时,就立下了一个庄严的约定,如果两人中任何一人对某位女孩动了真心,就要把她介绍给另外一人,以获得认可。李说话算话,言出必行。所以,10年后,当他发现自己被我的母亲迷住,就安排了一次午餐。不论我的父亲对这两个人的交往有何看法,结果都无关紧要。吃完饭,母亲就已经知道餐桌上的两位男士里,刚刚见到的那个才是自己想嫁的人。

儿时,我一直很喜欢这个故事,尤其是因为它带有令人兴奋的丑闻气息。(尽管结局是连环画版的那种"皆大欢喜":我长大后,口中的"李叔叔"也找到了自己的真命天女,搬至距离我童年的家30分钟车程的小镇。父亲在世的岁月里,他俩始终是最亲密无间的好友。)但是,当我和C.一起坐在我的父母对面,听他们共同讲述这个故事时——两人打断、扩展、编辑彼此的版本——我突然意识到这很不同,就好像我和她正与两位刚开始约会的朋友共进早午餐一样。不知怎的,我突然意识到,父母始终拥有我此刻的感受;有史以来第一次,他们的过去谱写成的爱情故事一下子成了焦点。

需要说明的是,我始终知道父母二人彼此相爱。这一点显而易见,不可能不知道。他们坦率且温柔,父亲有时甚至会兴高采烈地采取"很污"的方式来表达爱意。我甚至也知道,即使这么多年过去了,父母仍然深爱对方,他们是一对无比幸运的情侣,时间磨平了两人粗糙的棱角,却令他们的感情历久弥坚。如果非要说有什么不同的话，那就是随着岁月的流逝，父亲表达的爱意越来越多，对母亲的感激也越来越公开。我知道，她是他的压舱石、安慰剂、左膀右臂、天知道的左脑思维、时尚顾问、道德委员，以及他遇到过的最美丽绝伦的女性。我知道父亲是母亲的星辰大海、最佳拍档、做过的最明智的决定、亚历山大市图书馆、偶尔的脖子痛，以及每天开怀大笑的主要原因。在我遇到 C. 之前，我没有任何可以转换这些知识的储备，无法想象他们的关系究竟对应怎样的内心感觉。现在，我坐在 C. 旁边，看着对面的父母，在他们初次坐在一起、彼此对视的 48 年之后，我突然为他们感到莫名的高兴。

对我来说，也是如此：我意识到自己是如此幸运。从另一种意义上说，这也得感谢我的双亲——遇到爱情时可以立刻发现它，是因为我在生命的最初阶段就得到了爱的滋养。不用思考过多，我就能知道它的样子：忠诚、稳定、深情、有趣、宽容、忍耐。成年后，我的姐姐对此做过精彩的论述，她说，父母不仅赋予了我们对观念的热爱，也向我们传授了爱情观。

分歧与争吵

爱情观是一回事，实践起来又是另外一回事。举个例子，我和

C.之间最愚蠢的一次争吵,是关于在徒步旅行和背包旅行时,在哪种情况下更有可能看到熊。事实上,当时我们正在谢南多厄国家公园徒步旅行,刚刚看见了一头熊。这可能有助于你理解我要说的,也可能没什么帮助。熊的鼻子很苍白,它留着一头邦·乔维式的蓬松发型,在距离小径几米远的树林里安静地摇摆着。它也很雄伟,野外的野生动物总是这样神采奕奕,我俩拌嘴并不是它的错。

我们没有立即开始争吵。在那一刻,我们正忙着为自己能在明媚的日子里身处一个可爱的、明显到处是大型动物的森林里而感到庆幸。熊在树丛中消失后,我们讨论了一会儿它那略显滑稽的体型、对我们全然的漠不关心、其雄壮之处似乎与任何平凡的事物无异,然后我们的谈话就像脚下所走的小路一样绕开了。在接下来的一段时间,我们又开始谈论动物出没一事,我随口评论道:我曾去熊经常出没的地方背包旅行,辛辛苦苦地把食物装在罐子里,或者把它们挂在树枝上,可是,最后居然还是在外出徒步旅行的时候才近距离看到一头熊,这可真是太好笑了。

恋爱中有一些特定的话很容易引发争吵,比如"你总是这样""从不那样""冷静点""成熟点""我没有时间弄这个"。在这些当中,你不会发现"居然还是在外出徒步旅行的时候才近距离看到一头熊,这可真是太好笑了"。同样,野生动物也不在经常引发情侣们争吵的对象之列;通常引发争吵的问题都与金钱、性、爱情、孩子、姻亲和家务有关。但这是因为这种类型的任何清单本身都有点误导性。虽然金钱和家务等确实是引发家庭摩擦的常见原因,但夫妻之间的许多争吵都是由外人看不见的东西引发的。事实上，那天早晨走在小路上，起初连我自己也没意识到话里的煽动性。我一说完"居然还是在外出徒步旅行的时候"，C. 就陷入了沉默。我立马意识到，自己触碰到了恋爱雷区，出问题了。

当然，每对夫妻都会吵架。即使你足够幸运地找到一个像你对她那样亦对你的幸福做出承诺的伴侣，也没有人能够一直保持完美的平衡，更没有两个人能在充满柔情、欲望和满足考验的生活中始终一帆风顺。首先，你必须应对自己和伴侣见面时产生的任何问题，无论它们是外在的还是内在的。问题的数量和种类几乎是无限的，它们的形式通常很容易辨认：健康问题、财务担忧、在关系之初形成的无益习惯、文化对不同个体产生的内在影响，以及过去的情感创伤造成的后遗症。在某些情况下，创伤会让人质疑爱情观。对那些因为父母、伴侣或者他人"以爱之名"受到要挟并且因此遭受痛苦，从而经历了畏畏缩缩或者残忍冷酷之爱的人来说，他们很难相信爱是温柔和慷慨的，更别说找到它并且维持下去了。关于人类，一个令人遗憾的事实是，我们爱的能力只能与伤害及阻碍它的能力相匹配，衡量你在命运、家庭和社会方面富足程度的一个标准是：你还剩下多少自由能与另一个人共同寻找幸福。

尽管如此，即使你拥有相对畅通无阻的爱的能力，迟早，你或者你的伴侣，或者你们两人一起，会找到很多使之负重的方法。C. 和我是幸运的，尽管我们的成长环境在很多方面都有较大的差异，但好在我们都生长于幸福的家庭。另有部分原因则是，我们两人都不会因为想象或者向对方许诺一段充满爱的关系而纠结。生活的其他方面对我们来说易如反掌。我们的金钱观相似，手头宽裕，两人在恋爱关系中很少承受财务上的压力。我们做着同样的工作，所以，尽管彼此的工作方式非常不同，却很容易互相帮助，并体谅对方的日程安排、习惯、怪癖和工作带来的坏情绪。我们都能从做饭和打扫卫生中获得乐趣（一位朋友曾开玩笑说，我们在一起就剥夺了另外两对潜在伴侣的干净床单和体面的晚餐），因此，你几乎无法想象我们会为洗衣服或者洗碗而争吵。可这些都不能阻止我们在熊这件事上存在分歧，一次完美的徒步旅行就这样被破坏了。

就像我们大多数的争吵，或者至少是大多数难忘的争吵一样，这一次发生在我们交往的第一年，那一阵我和C.吵得很凶。我不是说我们吵得很激烈（尽管我当时确实有这种感觉），也不是说我们经常大吵（这个真没有），更不是说我们不擅长吵架。事实证明，我们相遇时，所有那些令我担忧的明显差异——年龄、地理位置、阶层、宗教信仰——都不如我很长一段时间甚至完全没有意识到的差异重要。这是一种性格上的差异，它显著地表现为我们在处理冲突时采取的截然不同的策略。

在这个世界上，C.是那种绝不会在争吵中一走了之的人。一次，我们一起到纽约，走进了一节地铁车厢，看到一男一女在争吵——不是家常拌嘴，而是那种声嘶力竭、脏话连篇、充满威胁性的冲突，似乎随时都可能演变成暴力冲突。C.的本能是走向男子，准备在必要时介入；我却打算催促她换到下一节车厢，避开任何潜在的危险。她的反应令我感到害怕，我的反应让她觉得差劲。由此可见，C.并不害怕正面交锋。虽然她钦佩那些将自己置于脆弱和危险之间的人的勇气，可她永远不会先动手。但在斗嘴方面，C.是相当难对付的。这并不是说她容易发脾气。恰恰相反，她不怎么发脾气，或者至少不会用惯常的方式显露出来。如果说有什么不同的话，冲突会让她更冷静、更专注，也更有逻辑。需要说服他人的时候，她会极具说服力。有一次，她居然成功地说服了街上的几个陌生人，把自家门口的邦联旗帜取下来。如果让我去做这种睦邻外交式的举动肯定不会成功的。但任何轻视她、低估她或惹她厌恶的人都会倒霉。我见过 C.大发雷霆的样子，它令人想起疾风骤雨里被硬生生折断的旗帜。

然而奇怪的是，在我们的恋爱关系中，C.完全不是这样的。面对与我的冲突时，她的本能是躲进自己的世界里，一边舔舐伤口，一边积极思考，最终摆脱愤怒、伤害或者恐惧。相比之下，我面对同样的冲突时，本能反应是迎难而上——这不是因为我无惧冲突，而是因为我是个彻头彻尾的和事佬，不能忍受我们之间有任何一点儿问题。因此，早期，一旦我们的关系出现问题，我们就出现滑稽的不协调了。在这样的时刻，留给自己的空间和时间是她最需要的东西，也是这个世界上我最没有能力提供的东西。因为我最需要的是立即知道哪里出了问题，这样我就可以着手去解决它。即使我们在一起的时间足够长，能够理解对方的需求，即使我们都真诚地想要迁就对方，却还是不善于摆脱这种困境。对我来说，当她沉默时，坐在那里什么也不做的时候，就好比悄无声息地坐在黄蜂窝里。我连一分钟都坚持不到，我的确这样尽力尝试过，可一想到她的沉默和回避，我就越发难受。

我对熊发表评论，她沉默不语，这是我们在谢南多厄河谷徒步旅行时所处关系阶段的真实写照。接着，当我问她有什么问题时，她不出所料地回答："没什么。"最终，我明白了，这种反应并非想把我拒之门外，而是她想把自己关起来，以便争取一点时间来说服自己这是真的。同理，这也适用于她感觉不好，却说"我很好"的时候。我认为这是一个赤裸裸的谎言（事实的确如此），可她却把这当成一种相对的评价，一种说服自己的方式：在我们的关系中，任何困扰她的事情，要么不合理，要么无关紧要。放眼世界，亦是如此：对 C. 来说，她有时很难相信自己情绪上的困境，"很好"也是一种解决问题的方式，可以用来提醒自己，她既没有失血过多而死，也没有在饥荒中丧命。

这两种反应都符合 C. 的大部分性格，她是一个真正的坚忍克己者。说到黄蜂，有一回，她在外面种花，我在屋里做午饭，突然我听见前门打开又关上的声音。我因为在忙，就以为她进屋去上厕所了。几分钟后，我却没有听到更多声音，就从厨房关心地大喊了几句，以确保她安然无事。"待在原地别动。"她镇定地说。所以我当然什么也没做，后来就发现她不小心把铁锹插进了院子里一棵老树桩下的蜂巢里。她站在浴室里，从衬衣上抖落几只活蜂，然后把它们一一杀死。她被黄蜂蜇了 20 多次，发出的哼叫声却比月亮落山的声音还小。如果我不过去看她的话，她应该会继续处理蜇伤、换身衣服，然后告诉我暂时不能出去，因为外面有一群黄蜂还在飞来飞去。她更倾向于那样做，因为此举更符合她的斯多葛哲学，她一直讨厌被人过分关心。（这是我近来乐于忽略的一种偏好，部分是因为恋爱最大的乐趣就在于对伴侣嘘寒问暖，部分是因为她单方面的立场完全站不住脚：她喜欢对我过度关心。）

看到浪漫喜剧就热泪盈眶的我，喜欢以己度人，也会像6岁孩子那样炫耀自己的伤口和淤青，天然地觉得斯多葛哲学很荒谬。但事实是，C.非常擅长身体和精神两方面的自我安慰，如果那天在小径上，我能让她安静地待上20分钟，整件事情就会烟消云散，随风而逝。但是我做不到，所以我怂恿她和我说话，因此我知道了在她耳中"居然还是在外出徒步旅行的时候"带有不屑一顾的意味，暗示着我们共同参与的活动只是我"退而求其次"的勉强选择。

此处需要提供一些背景信息。在遇见C.之前，我一直过着漫长而寂寞的单身生活，喜欢尽可能多地在荒野中消磨时光。她知道我在偏远地区时内心有多么平静，尤其是在山里和西部，所以担心她让我失去了自己需要和喜爱的东西。我应该做的是告诉她，我需要她，也很爱她，我很珍惜我们共同创造的生活，不管怎么说，这都不是零和游戏；山不会把我从她身边带走，我可以带她一起去山里玩。相反，我感到困惑和受伤的是，她居然从我漫不经心的观察中听到了如此尖酸刻薄、如此与我实际感受南辕北辙的东西。我赶紧为自己辩护，告诉她我根本不是那个意思，我只是说了一句大实话，毕竟，在一个短短的午后徒步旅行中能遇到一只熊还真挺令人惊讶的。问题是，这个初次出现的欠考虑的评论，之后一再出现并且毫无改进。你不需要了解谢南多厄黑熊的分布情况就能知道,它们很可能会在那些喜欢随意喂食的人聚集的热门小径附近出没。C.从一开始就不想谈论自己的感受,现在却很乐意利用这个逻辑上的漏洞,转而去争论熊。

夫妻们就是像这样为一些愚蠢之事而争吵的。我还记得,小时候的某个暑假,我和姐姐坐在密歇根州北部一间出租小木屋前的台阶上,听着父母在屋里大吵。我惊恐不已——即使在那时,爱做和事佬的我也被他们的阵势吓得不轻。但比我大三岁的姐姐足够冷静,知道这场争吵不会以离婚告终,所以她被逗乐了。"你知道他们在吵什么吗?"她以安慰的方式问我。我当然不知道。"他们吵架是因为爸爸去商店忘记买金枪鱼了。"她说。当时我很好奇,相爱之人怎么会因为金枪鱼而吵得不可开交。现在我知道了。

我和C.花了一年多的时间才解决这个问题(不是关于熊的问题,而是我们为什么争吵这个普遍问题),解决方案也和我设想的完全不一样。起初,她不高兴的时候,我试图停止快速、大声地重重敲击她隐私的墙壁,她也尽量不让我一个人在她撤退的冻原上待得过久。但是,无论妥协能在国际关系中发挥多么重要的作用,却很少在人际关系中奏效,尤其是对那些根深蒂固的分歧;你们不可能通过放弃或改变自己的核心部分来建立长久、幸福的生活。相反,最终被改变的不是我们的内在,而是我们之间的东西。这发生在一次特别激烈的争吵之后,我们两人都觉得这下可能真的要分手了。(在那么多地点里,那次争吵却恰恰发生在塔斯卡卢萨,当我们回首往事,它沾染上了一层乡村歌曲的韵味:这个名字本身就带有一抹悲哀、黑色喜剧的色彩，是一种地理上的节节败退。）当然，我们没有分手，却都吓得不轻。后来，我们感到了一种与恐惧同等程度的解脱，但更有启发性：我们是绝对不会分手的——在塔斯卡卢萨不会，在那时不会，在任何地方不会，永远都不会。

这种认识起到了婚礼誓言的作用，改变了我们之间一些根本性的东西。几乎是在一瞬间，我们清楚地认识到，对于失去彼此的恐惧几乎助长了我们所有的争吵，把普通的误解和意见分歧升级成完全不必要的危机。她坚持的自我安慰带有启示录的成分；她离开我，不仅是想让一切烦心事都过去，也是在预演没有我的生活，试图向自己证明，如果没有我，她也会没事的。与此同时，我太急于解决问题，因为我根本没幻想过如果她离开，我能安然无恙，也没能力冷静下来，意识到她还没走到这一步。但在塔斯卡卢萨一事后，我们意识到——不是抽象的、不是断断续续的，也不仅是在彼此之间一切顺利时，而是自始至终、完全绝对地意识到——没有人要离开。她停止了为离开做准备，我也不会反应过激。就这样，我们在争论时不再有恐慌，取而代之的是一种类似轻浮的情绪。

从这种意义上来说，爱情是数学家卡尔·高斯才能意识到的问题：你也许完全确定自己得到了正确答案，却仍需花费很长时间才能把细节敲定。可一旦你敲定了细节，答案看上去就会像通常那样明显、优雅，并且令人难以想象它以前有多么让人困惑不清。我和 C. 依旧会时不时地产生分歧，我希望我们能够一直如此；她的思想拥有最高的统治权，它挑战我的方式，是我最珍惜的东西之一，并且,一想到如果没有它,生活将变得多么枯竭时,我就完全无法忍受。("现在没人反驳我了。"维多利亚女王在她挚爱的丈夫阿尔伯特亲王去世后写道,"我的生活中已经没有盐了。")偶尔,这些分歧会演变成争吵,但如今,我们专注于眼前的实际问题,用自己的方式来解决它,即使不总是以滑稽而温和的方式,也至少是理智而迅速的。现在,她往往会向前一步,安抚我或者主动要求和解;而我也经常后退一步,不是为了疏远她,而是因为这个位置很好,能让你真正地看清一个人。我想,这就是你,做你自己,我因此而爱你。

搬家

在我初次带 C. 回俄亥俄州的那个冬天,我们又回去帮父母搬离我从小长大的家。这已经是很久以前的事了。在父亲的身体状况开始恶化后,母亲就游说他换个小点儿的房子住,这意味着你不用担心从楼梯上摔下来,也不需要自己打理那么大的空间。父亲虽然不反对这个计划,却否决了他们看过的每一处地方。他喜欢现在住的房子,声称自己待在里面很舒服;尽管他没有直接言明,但我们都推断出他不想对衰老做出如此公然的让步。母亲花了 5 年时间才说服他。

依照他那一代人的标准——不可否认,他们的标准很低——父亲算是比较热衷家庭事务的人。除了倒垃圾和修草坪这样典型的男性任务，在年幼的姐姐和我尚不能自己做午饭的时候，他会给我们做午饭，晚上哄我们上床睡觉；他还会做饭洗碗，很喜欢逛杂货店，并且在50多岁时完全接手了烹饪晚餐的工作。然而，在父母的整个婚姻生活中，无论是从性格，还是从时间上来看，母亲都承担了绝大部分的家务劳动。她做了所有父亲没做的饭菜，此外还熨烫衣服、扫地、擦洗、吸尘、记录需要更换的食物和其他物品、为我们置办服装和学习用品、洗衣服、雇保姆、安排课外活动、拼车和接送、带我们看病和牙医、在我和姐姐生病时请假照顾我们、负责打理房屋和维持家庭运转的日常事务。

此外，母亲还肩负着找到这些家园的重任。从挑选住宅到最终搬迁安顿，都由她一手操办：父母新婚宴尔时居住的密歇根公寓、姐姐在克利夫兰出生时住的房子、为了给第二个孩子腾出空间而搬入最简陋的房子、父亲的事业平步青云后更换的大房子。所以，70岁高龄的母亲还是走遍了市面上每一处可出售的房产，直到父亲屈服于现实，或者仅是为极有耐心的妻子所折服。最终他承认，母亲最后给他看的那套新式公寓似乎是个相当体面的地方。

接着就是搬家了。因为父亲早已过了可以做任何体力活的年龄，而母亲再也无法独自处理所有的事情，我和姐姐、C.都跑去克利夫兰帮忙。那时，我和C.互相已经很了解了，也经常回俄亥俄州，所以我再也不用担心墙上相框里的学校照片了（不管怎么说，她只看了一眼，就诚实地表示它很可爱），也不会为房子里其他泄露我过去丑态的东西而烦忧。这是一件好事。除了互联网，还有什么比一个爱收藏小玩意儿的父母和童年的老宅更加让人感到尴尬的呢？某天下午，为了清空阁楼，我们开始翻看一个旧皮箱，结果发现里面几乎装了我和姐姐小时候写过的每一张纸。在无视大家的笑声（以及我朝她扔去的那个破旧毛绒玩具）的情况下，C.把它们一张接一张地掏了出来，于是我们看到了一些糟糕透顶的小学诗歌课里的戏剧朗诵，以及我们初中的笔记和五年级时认真完成的读书报告。

第二天，姐姐清理厨房，发现冰箱上面有一个古老的厨房女巫，我们笑得更厉害了。这是一个快乐却有些变形的老妇人，她骑在一把扫帚上，旨在给自己装点的家庭带来好运。从外观上看，她大约是在1978年被我们收养的，但在1984年前后被众人遗忘，大概有好几年，父母的大部分财产都遭受了类似的命运。那时，我和姐姐、C.已经整理了三天，却感觉这个任务至少还得持续3000天。我们都被这些接连出现的大量东西逗乐、吓呆且弄得不知所措。可以说，那个骑着蓬乱扫帚的女巫是压垮我们的最后一根稻草。母亲就待在隔壁房间，我们谁都不想让她难过，所以姐姐疯狂却无声地挥舞着它，眼神介于悲伤和胜利之间，这赫然说明她找到了诠释我们面临问题的最佳案例：如何清理一幢四层楼的豪宅，前提是里面有人居住了30多年，却从未被认真收拾过。我尽力不引起母亲的注意，但不知怎的，弄巧成拙地为那一刻增添了一抹喜剧色彩；我像个十几岁的孩子那样，坐在厨房的柜台上，笑弯了腰，然后立刻从上面滑了下来。

出乎意料的开怀大笑令人惊喜。帮助年迈的父母搬离长期居住的家，是一种每时每刻都在观察字面与象征意义逐渐融合的练习：一下子要与那么多东西挥手告别、身后那扇永久关闭的大门、他们在世界上占据的空间越来越小。此前，我曾以为，自己会在这一切之中感受到一种可怕的双向悲伤，一种对过去和未来的失落感。但与家人齐聚一堂时，我实际上感受到了一份幸运。在父亲的身体健康不断衰退的过程中，我学会了对尚未发生之事和过往发生之事同样心存感激，所以，当双亲尚在，与我们一起欢笑的时候，帮他们搬家会让我们感到如释重负。如若不然，待在里面的每一个小时、从里面拿出的每一件物品，都将让我们沉浸于悲伤之中。

我花了好几个月的时间，去了好多次俄亥俄州，参观了无数家慈善机构，一直到那所房子被完全搬空，父母才终于在新家安顿下来。最后，尽管父亲极力反对，这次搬家对他来说仍然是一个轻松的转变。和往常一样，这要归功于我的母亲，她把新房改造得非常像老房子的缩小版。在新家吃过第一顿晚饭后，父亲坐在客厅他最喜欢的椅子里，腿上放着那本正在看的书，身旁熟悉的桌子上放着一杯苏格兰威士忌。我坐在他对面，惊讶地发现他已经非常闲适自在了。

与此同时，在收拾行李和搬家的过程中，我和 C. 在家里需要应付的东西越来越多。我们相遇那会儿，我在哈得孙河谷租了个小马车房，而她在东海岸租了个房子。几个月后，我们有过一次滑稽的谈话，接着她就在马里兰州买了一套房子。C. 向我保证，此举既不是说明她对与我约会没兴趣，也并非暗示她永远不离开马里兰州。这所房子原本属于家族朋友，他们和我的父母一样，因为年纪太大，已经无法再料理它了。这个机会绝佳，贷款也很便宜，实在令人不忍拒绝。大约在同一时期，C.开始写一本书，将它的主要背景设在南方腹地，这意味着我要么得在亚拉巴马州的小镇上待很久，要么就得一个人打发大量时间。我选择了前者，我们租了一个家具齐全的两居室，它坐落在距离佐治亚州线大约一小时车程的湖边。我们把餐厅里的标本鹿称为尼克阿杰克（这对在内战期间拒绝站在南部联邦一边而分裂出去的地区来说简直太适合了）；晚饭时分，我们会大声地给对方朗读《午夜善恶花园》，早晨，我们坐在门廊上喝咖啡，看着湖面上的雾气逐渐消散。她要是出去采访，我就待在家里、写作、绕着水边陡峭的松林山长跑；到了休息日，我们会开车出门探险。

在那个年代，汽车实际上就是另一个家。我们开车从亚拉巴马州到马里兰州（我说过，C.喜欢开车），从马里兰州开到纽约，再从纽约返回南部，享受着乡村音乐、咖啡和24小时营业的饼干店。当不去一个家或者另一个家的时候，我们就是在去工作的路上，无论是她的工作还是我的活儿，或者去这里、那里，总之都是我们一直想去看看的地方，或者抽时间拜访各种远方的朋友。我们尽量在这些旅程中保持汽车的清洁，但里面的东西很快就反映出我们真正在其中生活的程度：头绳、纸巾、牙刷、牙膏、什锦杂果、防晒霜、抗过敏药、盐瓶（那是为C.准备的）、毯子和枕头（我有时会打个盹儿）、水瓶、保温杯、为笔记本电脑充电的转换器（我曾经在从东海岸到南卡罗来纳州加夫尼市的旅程中写完了一篇文章）、书、杂志、泳衣、雨衣、急救箱、国家公园的年票，以及三个装满了C.的报告的文件箱，它们永远被放在后备厢里的同一个地方，发挥着一种类似安全毯的作用，以防在她需要赶在书稿截稿期之前完工，我们却因某种原因被困在一条偏僻的小路上两年。

这种生活方式时不时地令人发狂。不可避免地，有时总会发生一些不凑巧的事情。比如，当我们已经动身去亚拉巴马州，才意识到我忘带跑鞋了，或者我们在纽约翻来覆去都找不着的那本书其实就在马里兰州，或者我们想要参加的一场活动与第二天计划前往的地方相去甚远。尽管如此，从很大程度上来说，这种生活方式也有趣得令人难以置信，并且远远不止有趣。我知道，我和 C. 都是非常幸运的人。因为我俩在任何地方都可以工作，我们也从来不是真正意义上的异地恋；我们恋爱关系的模式就是执手仗剑走天涯，看遍世间的繁华。所有开过的高速公路，所有走过的里程，在车里交谈的时光，以及在身边徐徐展现的充满了无穷乐趣的乡野风光……所有这些都让我们生活在别处，路虽越走越远，心却越来越近。然而，在过了 15 个月令人愉快的流浪生活后，我们开车返回了俄亥俄州，这起初看起来就像是另一段公路旅行，实则是因为我的父亲因房颤住进了医院。

在父亲去世的前夜，我和 C. 睡在公寓客厅里的折叠式沙发床上，门口临时拉上了一道门帘。或者说，无论如何，我们都想睡上一觉；可大部分时间里，我都醒着躺在那里，疲惫不堪却始终无眠，既无法完全看清即将到来的失去，也无法做到不去想它。每天早上醒来时，我都得重新适应新家的环境。父母亲在那里住了半年都不到；现在，随着日子一天天流逝，父亲回来的可能性也越来越小。到了该做最终决定的时候，母亲悲伤、平静且明确地告诉我们，她想做的事情是她根本不想的：让父亲走。当时，我对她的坚强感到十分惊讶，在父亲弥留的那段时间里，无论如何，无论在何处，悲伤都终将找到一处落脚点。在我们把他送去接受临终关怀的第二天，我在母亲的卧室里偶然撞见了失魂落魄的她。当我问母亲是否有什么特别的事情让她心烦意乱时，她朝浴室指了指，泪流满面地告诉我，父亲几乎还没来得及使用她特意安装的无障碍淋浴器。

不到一个星期，父亲就走了。在身后事都安排妥当，追悼会结束，在C.收拾好我们的行李并且把它送去大厅后，我搂着母亲，几乎没法让自己放手。我站在门口，紧紧地抓住她，感到一阵眩晕和疲惫。我茫然地望向她身后的客厅。然后，我记起了她和父亲搬进来后，我初次看见这个公寓时脑海里冒出的念头：这里看起来似乎和我们曾经的家一模一样，只是许多过往早已不复存在。

我必须说，有时潜伏在生命下个转角处的东西，几乎完全令人难以置信。C.把我胡乱塞进车里，然后开车带我回马里兰，我反应迟钝得要命，好像只不过是后备厢里的某个箱子。我们到家时已过午夜。一大摞齐胸高的信件堆在客厅的桌子上。猫咪们欣喜若狂地在我们腿边蹭来蹭去。我被一种巨大的、极其悲痛的疲惫压垮了，跄跄跑跄地上了楼，开始准备睡觉。就在这时，我向下瞥了一眼，注意到自己光着的脚上有些小点。我弯腰仔细一看，脑子里浮现出一系列模糊、绝望且难以置信的事情。因为猫从不出门乱窜，所以我们从没出过什么问题。然而，我喊C.快上楼时，眼前的一切——地板、枕头、毯子和我的脚上，全都爬满了跳蚤。

我们对视了很久。现在回想起来，我确实想提出一个既不现实，也不合意的建议：如果你想检验自己是否处于一段正确恋情中的话，可以尝试把 8 小时的车程、午夜 0 点 45 分的疲惫、悲伤伊始最深的痛楚，以及跳蚤组合在一起看看。C. 把我的双手握在她的手里，注视着我惊恐万分的眼睛，提议去旅馆里住一晚。我摇了摇头。我唯一想要的、远超一切的东西就是"家的感觉"，这甚至比睡觉都重要。于是此刻，她平静地把子夜当成了正午，开始对实用昆虫学产生了兴趣，在谷歌上搜索如何处理跳蚤泛滥的问题。与此同时，我徒劳地站在那里，我的悲伤像是某种悬在难以置信的浑浊溶液里的可怕之物。我唯一能感受到的是一种恒久的感激之情，因为我无须一人走进房子，独自面对那可怕、荒诞、令人不知所措的局面。

此后不久，我生平第一次发现自己也同样对以下现实心怀感激：世界上存在 24 小时营业的大卖场。身处其中，站在宠物购物区通道中间，扎在我心头那根令人筋疲力尽的刺突然从崩溃的一端摆荡到了欢笑。接下来我感到了一种渴望，我知道它将伴随我的余生：我想告诉父亲这里发生的一切。我知道，母亲肯定会为我们感到难过，但是父亲会手持一瓶除蚤洗毛精，站在 C. 旁边。想到这般景象，我不禁开始大笑。父亲装出一本正经的样子，说："我早就告诉过你了，得把那些可怕的猫赶走。"他会提醒我世界上有一首关于跳蚤的最短的诗（《亚当有跳蚤》），并帮助我理解其相关性：即使在人类经历欢乐或者悲伤、荣登天堂或者被打入地狱的极端情况下，我们都仍然只是另外一种任凭世界摆布的低等生物。不知何故，这个想法使我颇受鼓舞，在回家的车里，我觉得不管怎样，与前几个星期相比，自己都更有人情味了。两个小时后，地板收拾妥当，可怕的猫虽然生着气，却很干净。旧床单已被送进了洗衣房，新床单平整地铺在床上，我们躺了上去。

就在那晚，我做了一个决定：此生再也不想拥有更多的家宅。在身心紊乱、疲惫不堪、无力关心他人的状态下，我费了好大的劲才没有立即和C.说这么多。然而，人们常说，不要在你悲伤的时候做出重大的生活改变（更不要说悲伤往往是由环境造成的），所以，尽管我知道自己想要什么，却还是选择等待。可等到最惨烈的悲伤散退、秋冬的黑暗逝去后，我们就回到了哈得孙河谷，再次开展收拾房屋的计划。那时，距离我和C.吃完午饭一起走回来已经过去两年了，我们曾一起站在屋外，欣赏着花园里刚刚吐芽的幼苗，当下所作所为的意义尚不明晰。

收拾那幢房子挺有趣的，更容易，也更加令人兴奋。在搬家的前一晚，除了最基本的必需品，其他所有东西都已经准备就绪——它们被拆得七零八落，用毯子包裹着，堆放在门边的箱子里。我们叫了印度菜外卖，在C.的笔记本电脑上看《夺宝奇兵》，熬夜收拾最后的烂摊子，然后在铺在地板上的床垫上睡着了——床架已经被拆了，就靠在楼下的墙边。翌日中午，搬家的卡车已经装车完毕。我们关上后门，走到镇上，在初次见面的小餐馆里吃了午饭，临走时买了几杯咖啡，准备带着路上喝。然后我们走回家，下了小山，来到马车房旁，把头伸进前门里。到那时为止,我已经在里面住了十几年,非常喜欢那里的一切。但环顾空空如也的房子,我并没有感到怀旧或者失去带来的剧痛。"一只蝉壳。"诗人松尾芭蕉曾经在一首优美的俳句中这样写道,"它曾尽情歌唱/直至事了拂衣去。"

有回报的爱

在古希腊神话中,厄洛斯有个弟弟,名叫安忒洛斯,他是相爱之神,不只是赋予爱,还有回报爱。传说厄洛斯婴儿时期体弱多病,于是,阿佛洛狄忒听从了一位泰坦的建议,又生了一个孩子来陪伴他。此后,只要厄洛斯独自一人,他就会无精打采、不断生病,但每当两个男孩在一起,他们就都能茁壮成长。成年后,厄洛斯与恋爱中遭遇的痛苦永远地联系在了一起:欲壑难填的渴望、令人失望的缺席,以及充斥着挫败感的激情。他用以施加欲望的手段,比如箭矢、大火、狂热、锤击、飓风,都是极具强制性且令人痛苦的,无论走到哪里,他都在散播灾祸、制造混乱不堪的局面(据记载显示,他使已婚的海伦爱上了帕里斯,从而引发了特洛伊战争)。相比之下,除了报复受虐待的情人,大多数时候安忒洛斯都是忠诚和温柔的。他因助哥哥免受孤独而生,也保护其他人免遭同样的命运。

即使在安忒洛斯所处的时代,他也算得上是神秘人物,但他几乎完全从我们对古希腊众神的集体记忆中消失了。这是一个很有说服力的省略,无论从字面上还是从比喻上说,我们都不再因为经历过有回报的爱而兴致勃勃。然而,我们所有浪漫的幸福皆存在于此,因为正如厄洛斯的名声所表明的那样,独自经历爱情不是一件令人愉快的事情。如果说从希腊到现当代的诸多编年史家的著述都可信的话,若我们对他人的渴望无法得到满足,它就会变成一种毁灭性的力量,这于爱人而言极其危险,对世界上的其他人来说可能也同样糟糕。

有回报的爱与此相反。总的来说,就算不是每时每刻,它也都是持久、慷慨、令人兴奋且带给人满足的。但是,它就像安忒洛斯一样,在很大程度上被我们的文化忽视了。它是普遍共识的受害者,即幸福令人愉快却索然无味。"幸福的家庭都是相似的,不幸的家庭各有各的不幸。"托尔斯泰在《安娜·卡列尼娜》的开头以轻蔑戏谑的口吻如是说。这是一部精彩绝伦的小说,但这一主张却很奇怪。首先,托尔斯泰的观点与经验不符。我9岁的时候就已经知道自己幸福的家庭和挚友的家庭之间存在极大的不同。她的父母是虔诚的信徒,喜欢在户外活动,稍微有点政治自由主义倾向,由于天生喜欢安静,他们连说话都是轻声细语的。这个家庭的生态系统好像热带雨林,与我家那种书呆子气十足、吵闹、热情洋溢的潮汐池截然不同。其次,它不符合逻辑。通过何种可能的方式,出于何种可能的原因,不幸竟然会比其对立面更加丰富多彩?痛苦往往是由于快乐消失而产生的,因此很难说一种境况比另一种更具体、有趣;至于日常的痛苦,则通常表现为漫长而乏味的凄凉。西蒙娜·韦伊对邪恶的描述同样适用：想象中的痛苦可能是"浪漫、多变的"，但事实上却是"阴郁、单调、沉闷和无聊的"。

尽管如此，幸福通常得到的关注较少，遭受的批评更多，这与不幸恰好形成了鲜明的对比。当代思想家们有时会把幸福视作对现代生活的一种肤浅的迷恋而不予理会。但若是以这些理由来谴责幸福，就会将其误认为是相近可实则不同的现象，要么是它肤浅的形式，比如休闲、娱乐，要么是为达到目的而采取的表面手段，比如滥用药物和所谓的购物疗法等。相反，亚里士多德将幸福视为"至善"，并将其理解为"人类完整的自我实现"而非短暂的满足，它与思虑息息相关，和美德密不可分。

你可能会认为，无论幸福在其他地方有多么边缘化，它至少能在爱情故事中扮演核心角色，但实际情况很少如此。文学作品对爱情的描述往往是暗淡的，（正如托尔斯泰所做的那样）强调痛苦大于快乐，动荡多于满足，悲剧甚于浪漫。这条规则也有很多例外，从简·奥斯汀和巴尔扎克到神话故事、浪漫喜剧和爱情小说，但即使在那些更看好爱情的地方，人们关注的重点通常也聚焦于怎样获得它，而非维持它："从此过着幸福快乐的日子"是大结局，却不是故事本身。这意味着幸福是一种乏善可陈的静止状态，一旦你找到了爱情，它就会变得无聊，或者更糟糕的是，它变成了完全不是爱情的东西。这是一个古老而持久的观念：浪漫的爱情其实只关乎欲望，而欲望总是你对尚未拥有之物的渴望。这就是为什么大多数爱情故事向我们讲述了很多寻爱的历程，却很少告诉我们最终找到爱是一种什么样的感觉。男孩遇见女孩，男孩失去女孩，男孩赢得女孩芳心：即使在乐观的版本中，故事也通常以皆大欢喜结尾，而那正是大多数人认为爱情真正开始的时刻。

换句话说，言情故事的作者们通常只关注爱情的开始或结束，却在很大程度上忽略了它中间的过程——由于考虑到大众普遍对幸福缺乏兴趣，他们会尽量把它写得越短越好。但现实中的情侣却恰恰相反：他们会尽量拉长爱情的过程，并且希望能够永沐爱河。正如这句话所暗示的那样，任何谈过恋爱的人都知道，事实上，我们渴望的完全有可能是已经拥有的东西。我和 C. 坐在同一个房间里，却各自生着闷气或者心烦意乱的时候，我会渴望拥有她；她不在城里，我却过了非常糟心的一天时，我会渴望拥有她；她在我怀里熟睡，我却陷入生存的恐惧，不顾一切地想要拥有她，无法停止担心失去她的时候，我也会渴望拥有她。得到了回应之爱的恋人们并不是因为缺乏欲望，而是因为它的形式发生了根本性的改变。我们不渴望新的、对当代文化默认的向往。我们想要更多同样的东西。罗伯特·弗罗斯特在一首名为《挚爱》的小诗中完美地捕捉到了这种感觉：

> 想不出怎样的挚爱
> 能胜过海岸之于大海的意义——
> 怀抱着海湾静守一隅，
> 悉数惊涛拍岸的无穷往复。

夜里，每当我和C.蜷在床上，或者早上，当我醒来看到她那充满魔力的双眸，以及明媚欢快的微笑，将我的困倦一扫而空时，我都经常会想起这几句诗。我想要的不过如此，我在那些时刻和无数其他时刻，一遍一遍又一遍地想了数十万年。这就是有回报的爱的本质，当然也是所有情况中最幸运的一种：我们只希望获得已经拥有的东西。

初次走进C.的家乡

我还没讲过C.初次带我去她童年时的家的故事。那是我们二人相遇后的秋天，就在我们去俄亥俄州的路上遭遇爆胎事件的几个月后。一天傍晚时分，我们开车离开了哈得孙河谷，一路向南，越接近目的地，道路就越发狭窄。等我们越过县界时，夜幕已经降临。蟋蟀的声音太响了，坐在车里都能听得一清二楚。我在座位上前倾身子，仰望繁星密布的天空，它就像一个装满了宇宙的盒子，从头顶倾倒而下。天空下，偶尔闪现的树木形成了一片黑黢黢的暗影，在田野边缘标注出小溪或者防风林的蜿蜒路径。除此之外，我们的周围是绵延不绝的广阔大地，在这块巨大的沿海平原上，往东再开约100公里，就到海边了。

我和 C. 经常在白天开车走那段路，庄稼从身旁疾驰而过，平整的犁沟就像是一帧帧定格摄影。我也会看着它们随季节的更替不断旧貌换新颜：小麦被大豆取代，大豆被高粱取代，高粱被饲料玉米取代，到了 8 月，玉米长得很高，你甚至连十字路口的拐角都看不见了。粮仓不时在远处出现。土路和柏油路交会处，无人看管的农场摊位为新鲜的西红柿、自制的果酱、辣椒和桃子打着广告。在冬天昏暗的早晨，修剪过的田地被霜冻压得嘎吱作响，笼罩在地面上的雾就像一张毯子，仿佛有什么东西偷走了它下面的床。

人们将这里称作北大西洋沿岸的平原地区，这是真的：所有农田距离变成沼泽地只有几英寸之遥。下大雨时，庄稼从低矮的临时湖泊中拔地而起，安静的小木鸭在倒影的映照下划过田野。东面，灰色的大西洋波涛汹涌。西边，半咸半甜的海湾惊涛持续地冲刷着海岸精致的弧线。在此之间，十几条甚至更多的河流瓜分了这片土地：波科莫克河、楠蒂科克河、迈尔斯河、瓦伊河、怀科米科河、萨萨弗拉斯河、查普唐克河、小查普唐克河、特雷德·埃文河，还有许多，恕不一一列数。据说从它们中流出的支流就有上万条。

失去使世界变小，得到令世界更加丰富、充足、有趣。自从和 C. 在一起后，我也爱上了随风摇曳、高光泽度的冬小麦。在我看来，这是充满了美丽色调的星球上最靓丽的一抹绿色。我曾站在田野旁，看着成百上千只雪雁腾空翱翔，仿佛远离尘嚣，奔向属于自己的魔法王国。我搬到了一个以前从未听说过的地方，下午迎风奔跑的时候，海风携着大海的力量在一望无垠的大陆上翻滚，我感到一种如临山巅的纯粹兴奋。我与 C. 的父母、姐妹及其大家庭的关系越来越融洽，我会在复活节的早晨和他们一起去教堂，把礼物塞在她家圣诞树下和大家交换礼物。我找到了一个新的家，它居然和我的原生家庭一样美妙，这是我事先根本无法想象的。

在我最喜欢的一篇关于爱情的短文中，詹姆斯·鲍德温让读者想象自己是一个来自芝加哥的人，既对香港岛一无所知，也根本不想去那里。现在，他写道："假如世间突然发生了某种动乱，有时我们也称之为意外，你开始与一个香港男人或者女人产生了联系，由此坠入爱河。香港立刻不再只是一个名字而已，它将成为你生活的中心。"他接着说：

> 如果你的爱人住在香港，无法前往芝加哥，你就必须得去香港。也许你将在那里度过余生，再也无法重返故里。我向你保证，一旦时间和空间把你和爱人分开，大量关于航运路线、航班信息、地震、饥荒、疾病和战争的信息就会向你涌来。你会永远关注香港时间，因为你爱的人就住在那里。将爱进行到底意味着你别无选择，只能与时空作战，并且一定要赢。

我甚至会说，从你遇到真命天子的那一刻起，你就已经赢得了这场与空间、时间的战斗。C. 不是香港人，我也并非来自芝加哥。尽管如此，我和她岁数差得很多，生活的地理位置也不近，让人觉得我们不太可能在一起。但是，别忘了我俩都完全拥有爱上对方的自由，两个神秘的、带有强烈恋爱倾向的人，在那个可爱的春日大街上邂逅，正如诗人维斯瓦娃·辛波斯卡曾经写的那样："不差一英寸，也不差半个地球，不早一分钟，也不早几十亿年。"

究竟是怎样的惊心动魄、怎样的机缘巧合，才能让我们在茫茫人海中相遇。对于像C.这样笃信上帝或者相信宇宙在某种程度上是由警惕且仁慈的力量所支配的人来说，诸如此类的相遇和所有奇妙的发现一样，有一个简单易懂的解释：它们是祝福、天赐和奇迹。一生一代一双人（确实，从字面意义上来说，爱人为彼此而生），他们的相遇是必然的。同理，你有时会听见情侣们说他们的遇见是命中注定的。但在我们这些没有信仰的人中，甚至也包括在某些虔诚的教徒中，我怀疑相反的感觉反倒更加普遍：鉴于生活不可思议的偶然性，这种可能性极低的事情居然真的发生了，你就会产生一种充满惊讶的感激之情。那正是我的感受：借用辛波斯卡那首诗的标题，找到爱人是一种"惊奇"，因为，从宇宙法则上来说，有太多的因缘际会和时空交错会让你与真爱擦肩而过。

我从来没有像第一次和C.造访东海岸时那样强烈地感受到这一点。近乡情更怯，离她家越近，我就越感觉我们相遇的可能性微乎其微。除了十几岁时有一次去巴尔的摩旅行，我以前从未去过马里兰州，对它几乎一无所知，我后来才知道，它有一部分位于半岛上，与其他地方相距甚远，C.第一次告诉我她住在哪里时，我费了好大劲儿才在地图上找到那个地方。现在，开车经过马里兰州时，我依然觉得辨认我们的位置并非易事。我简直不敢相信，它居然离华盛顿特区只有90

分钟的车程，我们所在之地感觉就和内布拉斯加州一样离首都很远。

如今，东海岸也成了我的家，在那里生活的这些年中，我在C.从小长大的房子里待了很长的时间，对我来说，它也变成了家。C.的妈妈教我在屋前的门廊上挑螃蟹，她的父亲在棚屋里教我怎么使用斜切锯。我帮他们重新粉刷卧室，整理架空层，清理暴风雨后掉落在外面的树枝。我曾坐在厨房里剥豌豆，躺在沙发上看电视，家人朋友过来野餐，我就奉上土豆沙拉和玉米棒子。有时候，我顺道拜访只是为了拿把备用钥匙或者丢下一盘饼干；其他时候，我整个周末都无所事事。我有时穿得很正式，有时就穿身睡衣，去那里分享一些好消息，或者为我的悲伤寻找一丝慰藉。

但初次登门拜访时，我是个陌生人，既对东海岸一无所知，对她的家人也很陌生，尚处于一种被我描述为渴求信息的求爱阶段。几个月来，我一直都想看看C.长大成人的家；现在她领着我穿过走廊和一道道大门。屋后为考古而挖掘的坑早就被填平，地也被犁过了，但她挖掘时发现的所有文物都还在屋里，它们整齐地排列在她从床下拖出来的一个展示箱里。父亲为她打造的书架一直放在她童年的房间里，C.离开后，她的妹妹重新装修了房屋，所以那里就没什么其他可看的东西了。我在客厅里摆满了她孩童时期照片的架子前站了一会儿，照片里的C.既可爱又严肃，骨瘦如柴，像个顽童：她和姐妹们穿着一模一样的复活节礼服坐在教堂的台阶上；她站在码头上，手里举着一条和自己一般高的刚刚钓上来的岩鱼；她穿着少年棒球联盟制服，膝盖上满是泥巴。

我本可以一直看下去，再看一千遍。这是我的农夫之女、我的罗德学者、我的虔诚的基督徒，她聪慧过人、忠心不二，文能背艾略特、阅读希腊文，武能开劈木机、设好曳钓绳。但在我们相遇前，如果有人给我笔和纸，以及一万年的时间，让我来描述有朝一日我会爱上的人，即使给的期限足够长，我也永远想象不出一个像她这样的人。"你是从哪儿冒出来的？"在那些时日里，我有时会怀着敬畏和感激的心情这样问 C.。站在她的房子里，就好像站在了能够回答这个问题的某种答案的中心。更深层次的问题似乎也同样神秘莫测。她是怎样从这里变成现在的这个人的？又是怎样从这里来到我身边的？

找到一个人是一件多么令人惊奇的事情。失去可能会改变我们的尺度感，提醒我们这个世界巨大无比，我们却小如尘埃。发现也能起到同样的作用，唯一不同的是，它将带给我们惊奇，而非绝望。在浩瀚的宇宙中，在生命的无限排列中，在地球上所有的轨迹、可能性和人之外，我就站在这间屋子里，站在 C. 的身旁，她牵着我的手，带我走出客厅，走进厨房。在那里，她告诉我还有一件东西想给我看。我把它从壁炉边捡了起来，仔细检查了一下，并不确定自己看到的究竟是何物。C. 解释道，那是一块陨石，是她父亲幼时在田野里目睹它坠落，然后找到的。

第三部分 连接

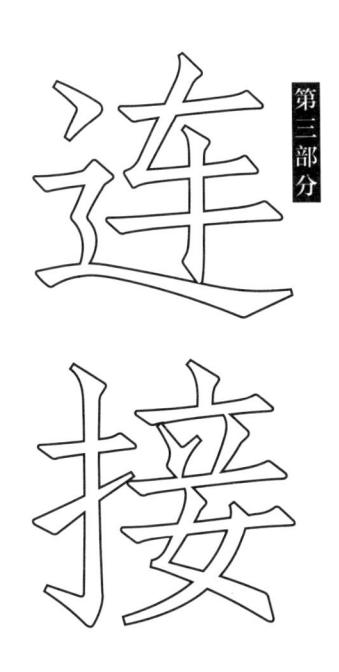

我们并不是生活在一个非此即彼的世界里。我们会同时与两种东西共存,与许多东西共存——世间万物,物极必反、相生相克。

陨石和半岛

早在 C. 的父亲出生之前,或者说早在我们所有人出生之前,另一块陨石撞击了离他日后家园不远处的土地。那是在始新世末期,大约 3500 万年前,当时大西洋中部的大部分地区都还在大西洋中部。因为北美东部的海岸线位于目前的内陆位置,现在的新泽西州和弗吉尼亚州的部分地区,连同整个特拉华州和马里兰州的东海岸,都位于浅海之下。

此前 2000 万年间,地球都一直极热。在充满了二氧化碳和甲烷的大气层下,海水温度超过了 100 摄氏度,短吻鳄在加拿大四处爬行,棕榈树在北极肥沃的土壤上投下阴影。到了始新世晚期,全球气温开始变得适中,但在北美,茂盛的热带雨林仍然从阿巴拉契亚一直延伸至大西洋。和如今的热带雨林地区一样,这里遍布生命体:青蛙、蟾蜍和蝾螈,蝴蝶、蜻蜓和金甲虫,矮小的有蹄类动物、曙马、小型貘,以及许多其他史前生物。

谁知道它们是否被记录在册，这其实真的无关紧要，陨石从头顶划过后，它们中的大多数都会灭亡。无论如何，大家都只有几秒钟的时间。这块陨石大约宽 3200 米，重 10 亿吨；它以每小时 8 万公里的速度从北方奔袭而来，只花了 3 分钟就从北极圈抵达弗吉尼亚州，然后在如今开普查尔斯以西的位置坠入大西洋。海水几乎没能让它减速；它蒸发了数百万吨水，又排开了数百万吨水，咆哮着穿过一层层的沉积物和石头，最后在海底以下 8000 米处撞上了地球的基底岩石。这次撞击令它彻底灰飞烟灭，形成了一个 1600 米深的陨石坑，其面积是罗得岛的两倍，并且引发了一场巨大的爆炸。灰烬和燃烧的岩石升腾至约 9 万米的高空，陨石制造的玻璃碎片散落在 100 多万平方公里的北美土地和大西洋上。与此同时，那道被冲开的海水形成了一个巨大的海浪堡垒，高达 300 多米，它被自身重量压垮后，开始加速冲向海岸。由此引发的海啸席卷了弗吉尼亚州 16 万米的内陆地区，最后它冲至蓝岭山脉花岗岩高处，消耗掉了剩余的能量。

时光飞逝。白昼变黄昏，黄昏变黑夜，黑夜变黎明。大火自行熄灭了。倒下的树木腐烂了，蕨类植物和树苗在其上生根发芽。地球照常绕着太阳转。一年过去了。一个世纪过去了。熔岩从海底沸腾而起，形成新的大陆物质，轻推其上方的陆地缓慢运动。火山爆发，一层又一层的火山灰堵塞了河谷和湖床。几千年又过去了。热带雨林逐渐褪去，取而代之的是大片的白橡树、山毛榉和松树。剑齿虎和惧狼在它们中间游荡，猎食巨型树懒和幼年猛犸象。又一年流逝了，就这样过去了 100 万年。北美东部的海岸线从海面升起后又干涸。巨齿鲨在水中捕食，海水从它们的背上滑过，就像经过了一块光滑的大石头，变得平静无波。在内陆，森林里随处可见白尾鹿，它们是接下来繁衍的40万代里的第一代、第二代或者第三代。在半个地球之外的东非大裂谷，一种地球上前所未有的灵长类动物首次实现了直立行走。

更长的时间过去了。比以前更冷一些的地球开始继续降温。极地海洋凝固了。冰河开始在地球上四处蔓延。冰川遍布新西兰和塔斯马尼亚岛、撒丁岛和马略卡岛、俄亥俄州哥伦布市和宾夕法尼亚州的费城。横跨北美的劳伦泰德冰盖覆盖了1300万平方公里的土地，有些地方的冰盖深度达到了3000米。冰将曾经是水的地方变成了陆地，无数寻找新家园的生物，包括人类在内，得以穿越至对岸。

然后，大约两万年前，温度再次升高，所有的冰都逐渐融化。随着水从冰川、冰盖和每一个涨水的三角洲中倾泻而出，海平面开始上升。海水在低洼的沿海地区稳步抬高，从河口流入后，将河流淹没在了海底。在大西洋中部，四条河——今天的约克河、詹姆斯河、萨斯奎汉纳河和拉帕汉诺克河——长期以来都汇入同一地点。在重力的作用下，它们倾斜注进一个古火山口的遗址里，其中有个切口如此之深，以至即使将3500万年的泥浆和沉积物压实在上面，也无法使它与周围的土地齐平。当冰川融化，海水上升，水流沿着这些河道的路线，淹没了今天我们所知的切萨皮克湾陨石坑上方的土地。

陨石决定了切萨皮克湾的位置，上升的海洋填满了它，但正是因为东边存在一个半岛，才使切萨皮克成了海湾。大约 200 万年前，它初步成形时，那个半岛还只是一道狭窄的障壁沙嘴，它的东面基本上全是大海。随后几千年，海平面上下波动，在沙嘴上交替沉积淤泥，水位上升，它就被拉长，水位下降，则露出更广阔的陆地，这是一片由沙子、砾石、泥炭和黏土组成的沼泽地。它被风浪不断地塑造，增加又侵蚀，冲刷又渗漏。海岸之外的小岛出现又消失，然后像潜水的鸟一样在新的地方再度出现。

大约 3000 年前，半岛才展露现在的形状，它像逗号一样蜷曲在美洲大陆的海岸线上。尽管它从头到尾只有 270 多公里长，却拥有 19000 多公里的海岸线，比美国的整个西海岸还要长。陆地的西部边缘呈分形分布，在主半岛上生成了大量更小的半岛，它们精雕细琢的扇形边缘旋转着进入海湾。除了这些半岛，陆地和水域之间暂时打成了平手，海湾里分布着波普勒岛、卡彭特岛、史密斯岛、圣乔治岛和所罗门岛等数十座岛屿。在其中一座岛屿的最顶端，一个小渔村的后面，陆地缩小至一个点，三面皆环水。白鹭和苍鹭在周围的浅滩上徘徊，身形纤细似芦苇。在它们下面，贝壳的碎片随着沙子移动，光滑的圆形岩石在水中闪闪发光，就像许愿池里的硬币。阳光明媚的日子里，海浪钻石般闪耀的光芒在岸边柳树和核桃树的树荫下来回晃动，形成了一道宽阔斑驳的边缘。在这里，一种元素与另一种元素相遇；在一个美好的 5 月的下午，我和 C. 结婚了。

生活即是"和"

语言好似陆地，它会随着时间的推移而变换模样。直到 19 世纪晚期，英语字母表中的最后一个字符并非字母 Z，而是单词：and（和）。这个词以"&"的形式被写在了无数的石板、黑板和小学启蒙读物中，所以字母表的整个序列看上去是这样的：

A B C D E F G H I J K L M N O P Q R S T U V W X Y Z &

第 27 个符号可以追溯到古罗马时期，抄写员使用草书以加快书写速度，把两个字母用"εt"连接起来，在拉丁语中"εt"就是"和"的意思。时至今日，你仍然可以在某些更花哨的版本中辨认出这些字母，比如：

&

随着拉丁语占据整个基督教世界的主导地位（在某些情况下，它甚至成为唯一的书面语言），"&"也传播开来。当拉丁语最终没落（部分归功于但丁的白话诗、谷登堡的活字印刷术，以及马丁·路德的方言布道术），文字却被留了下来，并以"&"作为结尾——这是一种语言学的化石，仍然沿用罗马文士的方式书写，却采用了当地人口中"和"(and)字的发音。

把这个游离的字符添加进英语字母表中是有道理的。学生们必须得学会读写它,毕竟,它的棘手程度和 R 或 Z 不相上下。事实上,它代表了一个完整的、完全有资格胜任的单词;A、I,甚至 O 也是如此[比如"哦,来吧,虔诚的人们"和"死啊,你的毒钩在哪里?"[1]]。但"&"确实带来了一个独特的问题。如果你像所有英语国家的学生通常被要求的那样,从头到尾背字母表,你听起来就像在吊听众的胃口:"……X、Y、Z、和。"和什么?不管老派的语法学家怎么千叮咛万嘱咐,你都不应该用"和"来作一个句子的开头,但如果以这种方式结束一个句子,那就是另外一回事了。为了解决这个问题,老师教学生们使用拉丁词组 *per se*,意即"本身",以表明他们所指的是符号,而非单词。因此,他们不说"X、Y、Z、和",而是老老实实地说"X、Y、Z、和的字符"——随着时间的推移,这个短语因重复而变得模糊。因此,正是英语把拉丁语中的"&"变成了"& 的记号名称"。

虽然尚不清楚"和"是何时从字母表中被移出的,但这有可能是由一位名叫查尔斯·布拉德利的波士顿音乐出版商一手促成的。1835年,他借用了一首莫扎特的钢琴变奏曲,以英语字母填词,这首歌在 7 岁以下儿童中产生了经久不衰的影响。布拉德利的歌曲版本以 Z 结尾,这要么是"&"逐渐从英语字母表中消失的原因,要么是其消失

---

[1] 这两句话的原文是"O Come, All Ye Faithful"和"O death, where is thy sting?"。——编者注

的结果（或二者兼而有之）。如今的排字工人和字体设计者不把"&"符号当作字母，而是当成标点符号，而我们其他人只把"和"当作一个单词。然而，它以前之所以能跻身字母表也有其恰当之处——这是在隐晦地承认，我们多么早就学会了它，我们有多么需要它，它对我们的思维和说话方式产生了多么重要的影响。

这种重要性始于"和"的作用，它是一种语言上的强力胶，几乎可以把任何东西粘在一起。你可能从小学起就记得它是一个连接词——一个聚集词，是一种连接两个或多个事物的方式。还有其他几十个表达同样目的的词语，包括：但是、然而、由于、也不、之前、之后、因为、虽然、如果、所以、一旦、既然、直到、除非、当……时、反之、无论何时。几乎所有这些连词都揭示了被连接事物之间的关系。其中一些连接因果："我们聊了一下午，**所以**我回家晚了。"另外一些提出了对比或者例外："我们聊了一下午，**但**还想说更多。""我们聊了一整夜，**可**什么都没发生。"其他一些则给出了理由："我舍不得离开，**因为**我发现她太迷人了。"还有一些表明了空间或者时间上的安排："她回家**后**给我打了电话。""**无论**她去哪里，我都会陪着她。"还有一些提供了一种选择："我们去散步**或者**去看电影吧。"还有一些给出了可能性："**如果**你有空，我就来吃晚饭。""**除非**你要我走，否则我就留下来。"

这些功能"和"都没有。这是一种仅由联系构成的关系；两件事、三件事、十件事同时存在于一个句子中，但是除了这个单一的词汇，语法对于是什么将它们连在一起却缄口不言。这种毫无附加条件的组合能力使它成为一种特别容易掌握的连接：在我们可以将世界连接在一起的所有方式中，"和"是我们学会的第一个最基本也是最简单的绳结。年幼的儿童可能无法理解其他连词所暗指的具体关系，但他们却是"和"这一连词流畅而肆意的使用者。从《冰雪奇缘》的情节到上幼儿园的第一天，小孩子们的日常叙述就是一长串"然后——然后——然后"。

这种显而易见的简单使"和"成了一个很容易被人忽视的单词。威廉·詹姆斯在《心理学原理》中用一段奇怪而精彩的文字提到了这一点。他用"意识流"这一术语来描述头脑中不断流动的思想。在描写意识流的过程中，他突然混合了隐喻，把水流似的思想意象转变成了鸟的模样。他观察到，人类的思想有时像鸟一样翱翔蓝天，有时却在枝头栖息，只有当它们在某处落定时我们才能观察到它们。他把这些栖息处称为思想的"实质性"部分：名词、动词和形容词，当我们思考正在思考的事情时，就会把注意力集中在这些东西上。思想"可传递"的部分在我们不注意的情况下就溜走了。然而，它们通过在语言之间建立关系而赋予其意义，彼此间的区别就像"龙卷风"与"名人"，以及与"烤牛肉"之间的区别一样。詹姆斯写道："我们应该表达出一种'和'的感觉，一种'如果'的感觉，一种'但是'的感觉，以及一种'通过'的感觉，这就和一种'蓝色'的感觉或者一种'寒冷'的感觉一样。"

那么，"和"的感觉是什么呢？首先，它是一种联系的感觉，是一种两件或者更多的事情已经产生联系的微妙意识，无论这些事情是否因类同、仇恨或者差异而联系在一起；该隐和亚伯就像罗密欧和朱丽叶一样紧密地绑在一起，像苹果和橘子一样注定相随。即使它们根本没有内在联系也没关系，因为用"和"将它们连接起来就创造出了这样的效果。黑猩猩和猩猩、狒狒和蜘蛛猿就有一种内在的联系。卷心菜和国王本没有联系，直到刘易斯·卡罗尔在它们之间加上了"和"。

这种语义上的多功能性反映出一条存在主义的真理。我们的慢性疾病中包括同时经历许多事情，其中有些是内在相关的，有些相容，有些矛盾，还有一些彼此之间根本没有任何关系，只是在我们的意识中挤成了一团。正如詹姆斯所指出的那样，即使我们努力尝试，也很难完全独自去体验某件事情。他的心理学同行们将"单纯的感觉"，比如一次看见、一种声音、一种味道视为思想的原子单位，为了能够从整体上理解大脑，他们建议对其进行单独研究。但"从来没人体验过单纯的感觉"，詹姆斯这样反对道：如果将热与阳光、灶台，与对自己身体的意识，与海浪的声音或者母亲的尖叫分离开来，我们就无法获得热的感觉。"从出生之日起，我们的意识就是由各种各样的物体和关系构成的。"他这样写道，"我们口中单纯的感觉其实是判别性注意的结果，它通常会被推到一个很高的程度。"他的观点是，同事们把它搞反了。孤立地体验某种事物远远不是最基本的思维活动，而是一种费力背离规则的例外。

我们对此心知肚明，因为我们都试图孤立地体验一些事情，这种练习可以迅速揭示出大脑在多大程度上是永恒的"和"的机器。即使你试图将精力集中在一件事情上,比如正在阅读的段落,或者试着完全放空,比如在冥想或者入睡时,你的大脑也会不停地吐出其他东西:待办清单上的事项、日益临近的就医预约带来的焦虑、想起前一天说过的令人尴尬的话、蚊子叮咬你脚踝留下的瘙痒、《天生的强盗》的歌词。

这不仅仅是头脑中的使世界陷入恒常结合的背景喧哗声。生活,也是一台永恒的"和"的机器,它可靠地让我们同时经历各种各样的事情。在任何一个特定的时间段里,你完全有可能被9岁的孩子迷住,被12岁的孩子激怒,为即将到来的求职面试忧心忡忡,担心全球气候的变化。这种没完没了的喧闹有时会产生难以区分的并置,因为生活与"和"一样,对与之相连的事情漠不关心。也许你的个人运势正值巅峰,但国家却处于水深火热之中;也许你刚刚出生的小女儿与祖母长得极像,可祖母却患有阿尔茨海默病,根本就认不出你俩。诸如此类的反差在我们周围和内心随处可见:你崇拜哥哥,可他却令你抓狂;你看不起前夫,却深爱和他生下的孩子。我们都有混杂的体验、矛盾的情绪、混合的动机,甚至复杂的自我。我们当中最快乐的人并非总是很快乐,最好的人也未必始终令人愉快。正如我心爱的路德常说的那样,我们都是"被赎罪的罪人":集正义与罪恶于一体。

在日常生活中,我们很少完全关注这样的连词,就像我们很少关注"和"这个字一样。然而,多种同时发生的经历和情绪是如此普遍,以至我们长大成人后才发现生活是由拼凑构成的。那时我们知道,世界既充满了美丽和伟大,同时也有不幸和痛苦;我们知道人上一百，形形色色，有善良的、有趣的、聪明的、勇敢的，也有小气的、恼人的、非常残忍的。总而言之，我们知道，正如菲利普·罗斯说过的那样："生活即是和。"他的意思是，从很大程度上来说，我们并不是生活在一个非此即彼的世界里。我们会同时与两种东西共存，与许多东西共存——世间万物，物极必反、相生相克。

求婚

我在圣灰节向 C. 求婚。这是个意外——我不是说求婚，而是说时机不对。在两年的大部分时间里，我一直在脑海里谋划这次求婚。我们第二次约会的时候，我就知道有一天自己会这么做。在很长一段时间里，我们都在谈论未来，并且明确了共度此生的想法。不过，实际上，第一次提起这件事是我父亲在医院里奄奄一息的时候。有一天，在我们陪他坐了好几个小时后，C. 带我出去散步。那是一个微风习习、天气晴朗的下午，外面的世界与重症监护室里的一切形成了鲜明的对比——孩子们玩耍时发出的海鸥般的叫声，我喜爱的那座喷泉喷出的水花形成了一道绚丽的彩虹，风中摇曳的枫树树冠在湛蓝的天空下交替呈现出绿色和银色：这些令我第一次意识到父亲是真的要离开这个世界了，从现在起，不管发生了什么，他都再也看不到了。

我无法大声说出自己的感受，但我表现得一定很明显，因为 C. 搂着我，对我说只要我愿意，我们就可以把必要的文件准备好，然后在父亲的病房里结婚。我知道她在向我许诺什么，也理解此举的慷慨和庄重，但我伏在她的肩膀上摇了摇头。无论出于何种原因，我都不想仓促地结婚。我不愿意只是为了让父亲见证它，如果他还能见证的话，而让 C. 的家人和我们所有的朋友错过这个机会，并且我不想把如此多的悲伤和这么多的欢乐混合在一起，尽管在这一点上我真的别无选择。

所以我们没有在那周结婚，好长一段时间里也没再提这件事。那年晚秋时节，我给寡居的母亲打电话，告诉她我打算向 C. 求婚。她很激动，但当我告诉她我还有其他事情相求时，她笑出了声来。我解释道，C. 并不想要一枚传统的订婚戒指，但我想从家里找些有意义的东西送给她，我想知道我的外婆，那位 95 岁才离世的彪悍女性，是否留下了合适的首饰。母亲告诉我，我可以在所有的首饰里任意挑选，但是她不认为我看得上眼，我立刻就明白了。外婆在她活跃的年代里是非常迷人的，她兼具阿梅莉亚·埃尔哈特的华贵和伊丽莎白·泰勒的美貌，尽管她算是中产阶级犹太人里身份高贵的人，但她对珠宝的品位却是有口皆碑的。母亲说的没错，C. 可不想被人们看到自己戴着其中的任何一款招摇过市。我还在考虑这一现实，然后想想其他的选择时，母亲平静地说："你为什么不把爸爸的结婚戒指送给她呢？"

父亲的结婚戒指：我上次想起它还是在医院里，当时母亲警告父亲说，他的手可能会肿，就提前把它取下来，放在了钱包里。这枚戒指和母亲的一模一样，有些不同寻常。尽管我的父母并不是那种放荡不羁的人，但他们决定结婚的时候，还是想寻找一些独特的东西，于是选择了带有扇形边缘和独特的钢缆状雕刻的宽式金戒指。小时候，我觉得它们看起来像小型皇冠；长大后，我觉得它们既古老又有装饰艺术的风格。现在，我可以想象出 C. 戴着父亲那枚戒指的样子——不是以戒指，而是以项链的方式戴上它，戒指的 V 字刚好落在她的锁骨下方——这简直太完美了。我根本没想过，父亲去世后，母亲会怎么处理它，但突然想到，也许她会一直把它放在钱包里，或者放在床边，或者开始自己戴它，我很担心她可能一定想要留下它。"不。"她回答道，"我想把它给 C.，我知道你父亲也会这么想的。"我打电话给姐姐，担心她也许想把戒指留给自己，或者仅仅不希望将它挪作他用。她告诉我："这是我最想看到的归宿。"

在波士顿的那个感恩节里，母亲把戒指给了我。我一回到家，就把它拿到珠宝商那里去挑选一条般配的项链。父亲已经连续佩戴它 49 年了——无论是在工作、家里、开车还是乘坐公共交通工具，或是在扫树叶、烤汉堡包和倒垃圾的时候。母亲为他戴上戒指时，他 25 岁。等到她把它取下来，他已经 74 岁了。它记录着芳华的流逝，与生命融为一体；从我记事起，纹路的凹槽就是深灰色的，表面则是毫无光泽的深青铜色。但是趁我挑选项链的当口，珠宝商把它擦得锃亮。他把戒指递还给我，我不禁热泪盈眶：它的样子看上去就和父母第一次见到它时一模一样，闪烁着清晨阳光朝气蓬勃的色彩。

在接下来的几个月里，我一直把这枚戒指和搭配它的新项链放在书桌的抽屉里，等待着一些我并不确定的因素：合适的时机、完美的场合、恰当的心情。那年 2 月，C. 和我都得了可怕的冬季流感，就是会让人恶心且痛苦不堪的感冒。我们发了低烧，肺都要咳出来了，鼻涕也多得无穷无尽；早上醒来，床单又黏又湿，我们的眼睛上布满了微生物黏液。到了第三天晚上，我们难受得连晚饭都做不动了，甚至没法在桌边站直，只能坐在床上，吃着拉面，周围都是用过的纸巾和白天或晚上吃掉的感冒药空胶囊包。我感到精疲力竭、疼痛难忍、无法吞咽，并且突然间，我被向 C. 求婚的欲望压得喘不过气来。除了童年早期，我从来都不想在生病的时候和别人待在一起。但我想和 C. 一直黏在一起，即使我们在客观上都很排斥这种情况。我望着她，心中涌起一股强烈的爱慕、感激和柔情，甚至还有情欲，尽管在当时的情况下，这显得既不可能，也不切实际。我想，无论疾病或是健康，我都很想珍惜这个人。我有足够的钱找个氛围感十足的地方求婚，却阻止了自己这么做的冲动。诚然，我从没打算在巴黎的玫瑰园里单膝跪地；不过，我意识到，除了去垃圾填埋场转一圈，任何求婚方式都比这更浪漫。于是我摸了摸她发烧的脸颊，擤了擤鼻子，好不容易才闭上了嘴。

我想，这种处心积虑在一定程度上促成了我之后的求婚。几个星期过去了。那时候，我们正自己动手彻底改造家宅，那天下午，我们在楼上的客房里铺新地板。最后，C. 打算去参加晚间礼拜，她脱下牛仔裤和工作衫，洗了个澡，等到焕然一新地再次出现时，她换了一身去教堂的衣服，美丽中带些庄严。我在门口和她吻别，然后回到楼上检查我们的工作进展。地板几乎铺好了一半，我看了看，心想等她回来的时候，我大概能全部完工。我把一批新木板搬到隔壁房间，把那里变成了临时木工房，并把木板切割得很小。每块木板大约需要花费3分钟。然后我把它们带回客房，放在了毛地板上。就在那一瞬间，我意识到等C.一回家，我必须向她求婚。在这种冲动的推动下，我走出客房，进了浴室。我擦去身上的污垢和锯屑，感觉心里一片明镜似的，既兴奋又紧张，热血沸腾，就像一个封存已久之物，现在终于要被释放出来了，它恰似重获自由的笼中之鸟和脱缰野马。之后我穿得很隆重，好像也要去教堂一样，下楼做晚饭。储藏室里有意大利面，橱柜里有洋葱和西红柿，冰箱里还有茴香和菲达奶酪，把它们烩在一起，就成了我家永远被称为"求婚汤"的东西。我刚摆好桌子，点上蜡烛，C.就走了进来，额头上用灰涂了一个十字。

我承认，在那一刻之前，我脑海里根本就没有教会年历的概念。显然，我知道C.去了教堂，但我一点儿都没停下来想过原因。现在，看着她，我突然有些惊慌：无论我是一个多么离经叛道的犹太人，都不该在赎罪日这天求婚。与此同时，她难道没有注意到我或者那晚有任何的异常吗？——她为什么会注意这些呢？我只是像她那样铺好地板、洗了个澡，然后一如既往地做好了晚饭。我们坐下来打破了她的大斋期戒律，这是在同一个月里，我第二次发现自己一边喝着汤，一边考虑是否应该推迟向她求婚。这时，C.问起了地板的事情，讲了她当晚都做了什么，然后给我说了几年前另一个圣灰节礼拜的故事，那次她也参与了主持：布道结束后，一个小女孩和她的母亲走到圣坛前，直到仪式结束，她才恍然大悟大家究竟在做什么。就在 C. 弯腰在小女孩的额头上画十字时，在圣所庄严肃穆的气氛中，她居然用那小小的肺活量迸发出震天一喊："我不想死！"

尘归尘，土归土。蜡烛的火焰弯了两下，然后又直立起来。笑，世界便与你同笑；哭，你便独自忍受悲痛。火光照在 C. 身上，她就像是佛兰芒派画家的画中人，黑暗将她衬托得越发动人。我的口袋里静静地躺着一枚 6 个月前还戴在父亲手上的结婚戒指。我也不想死。我尤其不想在撒手人寰前，来不及告诉 C. 我爱她，我将永远爱她，我很想娶她。我不想在尚未与她结婚的情况下死去，如果非要在这份爱上加一个期限，我希望是 49 年或者 79 年，最好是 1099 年。临终病榻、病房、她额上的一抹灰烬：我意识到，如果我能等到天下没有痛苦和悲伤的话，我愿意一直等下去。我们吃完饭，我把她领进客厅，和她并肩坐在了沙发上。

万物相连

在数以百万计的英语单词中，"和"是第三大最常见的单词——是"我（I）"的三倍，是"你（you）"的四倍，只排在"这（the）"和动词"存在/成为（to be）"的组合词形之后。如果你今天说话超过了三四句，几乎肯定用到它了；如果你读到本书这里，就已经读到它近2000遍了。

但是，就算"和"是最日常的词汇之一，它也是最具存在性的挑衅之一，尽管它出现的时候很低调。其他连词所描述的世界似乎遵循一套特定的、可识别的规则：事物彼此引领或追随，互相排斥或者互为因果。但是，用"和"来描述的世界只是一个无穷无尽的无序列表。我的父亲和母亲，我和C.，爱和悲，生和死，牦牛和口琴，编剧、干草捆和多项式方程，飓风、"血汗工厂"和天花，果酱馅饼、脱氧核糖核酸和"哦，丹尼男孩"，埃塞俄比亚首都亚的斯亚贝巴、土星环和锁罗亚斯德教，临床抑郁症、佛兰德战场和爵士歌星比莉·哈乐黛，以及巴布亚新几内亚的840种原住民语言：我们面对着一种无序的丰富，可是对于宇宙中数不尽和数得尽的事物，以上列举连一段话都没占到。

这种无休止的结合特性如同遇见或者失去一样，会令世界显得格外巨大，而我们自己在其中所占的空间却变得无限渺小。它还模仿了一种想象中的原始知识状态，仿佛所有存在的事物都被随意地扔在了面前，由我们决定用什么样的关系（如果有的话）来支配一切。伊丽莎白·毕肖普除了对失去的东西感兴趣，还对世界的规模和如何理解世界截然不同的部分感兴趣，她给这个问题提供了一个可能的答案。在《2000多幅插图及完整的索引》（Over 2,000 Illustrations and a Complete Concordance）中，毕肖普从描述《圣经》里的意象转向描述自己在世界旅行中的所见所闻。与书中的内容不同，现实生活中的内容，在这个例子中是一具尸体、一台自动点唱机、几头山羊、英国公爵夫人、年轻的摩洛哥妓女，拒绝被纳入任何形式的索引中。它们之所以产生联系，仅仅是因为同时存在，以及被一位旅行者亲眼看见。毕肖普提出了一个具有挑衅意味的启示：在我们周围所有不相干的事物中，没有比这更有序的关系了。相反，生命是由无数不相关的碎片组成的，"'和'与'和'是连接万事万物的纽带"。

碰巧，有一个词可以用来形容"仅被'和'与'和'连接"的事物。这种语法结构被称为"连词叠用"，意即"连续使用连词"。它在《旧约》中出现的频率很高。例如，上帝在为耶路撒冷降下干旱时说："我命干旱临到地土、山冈、五谷、新酒，和油，并地上的出产、人民、牲畜，以及人手一切劳碌得来的。"[1] 如果你大声朗读这句话，就会发现连词叠用是一种非常有效的修辞手段，部分原因在于它能给句子带来绵长而缓慢的波形。其效果有时似咒语，有时令人欣喜若狂；但无论从以上哪个角度看，它都会令人产生敬畏感。《圣经》中出现这么多连词叠用并非偶然。

《圣经》在毕肖普的诗中成为世界的陪衬也绝非偶然。对于是什么将我们周围的所有物质结合在一起的问题，它给出了相反的答案：这是一个神授的计划，每个元素都有恰如其分的位置。在合适与必要

---

[1] 这句话的原文是 "upon the land, and upon the mountains, and upon the corn, and upon the new wine, and upon the oil, and upon that which the ground bringeth forth, and upon men, and upon cattle, and upon all the labour of the hands."。——编者注

的两极之间——没有任何有意义的联系，万物相连即为意义——有很多其他方式可以让存在变得有意义。我们完全有可能相信上帝是造物主，同时认为，除了某些基本的自然法则，许多看似刻意相连之物只是出于偶然的拼凑。我们完全有可能全然不信上帝，却仍然觉得周遭世界存在有意义的关系，每个人、每件事都有其存在的理由，所有人都以深刻且重要的方式联系在一起。

我自己一直秉持着一个观点：我们拥有的许多绑定关系就像文学篇章一样美妙。然而，最让我感兴趣的并不是内在的联系，而是由毕肖普笔下那位警觉的旅行家所创造或者推断的产物。无论你对宇宙的超人组织有何看法，我们自己一直在编排它，这种能力是人类思维最显著的特征之一。这就是当我们仰望满天繁星时，会看到熊、十字架和执剑勇士的原因，也是我们可以看出《俄狄浦斯王》对《哈姆雷特》的影响的原因，以及知道鸵鸟是恐龙远亲的原因。更普遍地说，它是我们怎样从混乱中夺取秩序，将生活中无穷无尽的清单变成一个富有结构、信息和意义，并且更具故事性的东西。诚然，这种能力并非尽善尽美；这也是我们会草率地下结论，以及会受到阴谋论蛊惑的原因。尽管如此，如果我们无法感知看似不同的事物之间的联系，就几乎不可能夸大自己在情感、伦理和智力上的缺陷程度。

首先，这种能力是我们思维方式的一个基本部分，它是如此基础，以至有些人认为它就等同于我们是如何思考的。举例来说，哲学家大卫·休谟认为，所有的想法都来自连接，来自将世界的一个已知部分与另一个已知部分联系起来。"所有这种思维的创造力，不过是对感官和经验提供给我们的材料进行合成、转换、增加或减少的能力。"他在《人类理解研究》一书中这样写道，"我们想到一座金山的时候，只会把以前熟悉的两个一致的概念——金色和山联系起来。"那么，毫不夸张地说，挖掘全新思想的一种方法就是建立新的联系。废话连篇的诗人吉利特·伯吉斯从没见过紫色的母牛，但他见过紫色，也见过母牛，于是他将两者结合起来，想出了一种完全原创的东西。其他更重要的连词亦然：不仅有妇女和儿童，还有妇女和选举权；不仅有人类和动物，还有人类和权利。换句话说，在思维的数学中，最强大的运算也许就是简单的加法。我们想让别人理解某事时，会告诉他们"连点成线"；我们看到事物之间的联系时，理解也就应运而生。

但在这些条件下也会出现其他东西。如果连接像休谟认为的那样接近思想的起源，那么它也接近道德的起源。我们越相信自己与他人联系得很紧密，就越有可能认为对他人的幸福至少负有部分责任。正如我们当下所处这个动荡的时代明确表明的那样，我们在疫情、偏见、权威主义、资源利用、气候变化面前是否采取行动，甚至都会对陌生人、那些住得离我们很远的人产生影响，有时候甚至也会影响到那些尚未出世之人。我们很容易忽视所有其他人，认为自己只与个体的家庭和社区联系在一起。然而，道德力量就像智力力量一样，来自坚持以前不可见或者被忽视了的联系。

这是培养我们联系感的一个严肃的理由；然而，我们与他人的联系越紧密，就会感到越快乐。我们中的许多人偶尔觉得世界就像毕肖普在诗中所描述的那样：分离、零碎、缺乏逻辑和意义。我们中的许多人偶有与世隔绝感——不论世界状态如何，我们觉得自己与其运行脱节，对所做的任何事都提不起兴趣，或者确信我们做的一切都不重要。这些都不是令人愉快的感觉。断开连接意味着孤独、冷漠、疏远——以这样或者那样的方式，与他人隔绝。它作为一种心理状态，往好里说是令人痛苦的，往坏里说则是极其危险的，这对经历它的人及其周围的人来说皆是如此。有一段关于地狱的著名描述认为，地狱是一个"任何人和任何人之间都没有连接"的地方。这表明，不与世界其他地方联系既是对善良的放弃，也是痛苦的一种形式。相比之下，我们与他人联系的感觉越紧密，生活通常也越充实。

这些情感和智力结合的力量在浪漫领域中互相交融，因为每一次坠入爱河既是对幸福的追求，也是一种对新连接的想象。情窦初开的学生们，一遍又一遍地在笔记本里写下"SH+JB"或者"JM+MF"（顺便说一句，加号极有可能演变成"和"符号的简化形式）。就算 JB 毫无兴趣，MF 也根本不知道 JM 是谁，这都不重要。将自己与他人联系起来时，这些被爱情冲昏头脑的孩子反映出一种情感现实，并试图创造出一项以前并不存在的连接。

神奇的是，这有时会奏效。就像紫色的母牛和金色的小山一样，人们可以通过不知从哪里冒出来的、日益强大的、持久的连接联系在一起。这就是为什么，随着时间的推移，在人们自己的心里，在其朋友和家人眼中，玛戈和艾萨克变成了"玛戈和艾萨克"，比尔和桑迪变成了"比尔和桑迪"。我和 C. 亦是如此：最终，我们简直无法想象如果没有**和**，自己是谁。

婚礼

婚礼开始前，发生了一件我和 C. 都始料未及的事情。当我们穿着锦衣华服，站在旅馆外的门廊上，时而彼此凝视，时而远眺海陆天美丽的交汇线，感觉生活前所未有地幸福时；当亲朋好友们开始在离我们站立不远处的一排排椅子上坐下；当最后一个小孩远离了吊床、飞盘、水和码头的诱惑，被父母赶向那些椅子；当司仪抓紧最后一刻查看流程；当我的外甥女捧着花篮，抚摸着花瓣柔软的曲线：在这一切发生的同时，齐聚一堂的客人们的肩包和西装口袋里的每一部手机都发出了无比紧急的声音——那是龙卷风警报。

声音遁离了我和 C.，从水面上飘走。除了那天发生在我们身上明显不寻常的事情，我们根本不知道还会发生什么不同寻常的事情。即使我们和客人都听见了警告，却依然觉得不可思议。那天下午，美如初夏，天高气爽，万里无云，天色比海湾的钴色海水还要浅三度。阳光普照，像一种无法抑制的好心情，灌满了每一朵郁金香和水仙花，给沼泽里麦穗状的草尖镀上了金色，亦在树下形成了变幻万千的小小湖泊。风乍起，吹皱一池湖水；如果我把婚礼誓言放在桌子上，它就不会被风吹走。在我们即将结婚的小凉亭那边，海浪轻轻地拍打着远处的岩石。简而言之，这正是人人梦寐以求的良辰吉日。

这就是自圣灰节那个夜晚，C. 对我说"愿意嫁给我"那一刻起，我们一直梦想的场景。然而，在此期间的大部分时间里，我们都只是想想而已：漫无目的、抽象地谈论究竟想要举行什么样的婚礼。事实上，我从一开始就很清楚的是，我并不想"私定终身"，尽管我们有好几个朋友已经这样做了，此举可以理解，在很多方面也很令人钦佩。到目前为止，它是最实惠的选择，于钱于理来说都很有吸引力；我和 C. 关于婚礼、资源、财务，以及其他方面的后续谈话内容，甚至能有《塔木德》那么厚。这是一种常见的"和"：你希望在风景宜人的地方举行一场美好的婚礼，邀请所有你爱的人齐聚一堂，美味佳肴应有尽有；你也想明智、负责任地花钱，既能彰显你的价值观与独特的品位，又不会让自己破产，如果这些目标之间没有冲突就好了，但不可避免的是，它们经常彼此矛盾。不用说，因为想要"鱼和熊掌兼得"而在欲望和信念间左右为难的这一问题，不始于婚礼，也不会因婚礼而终结。

但有两种压倒性的感觉，让我不可能快速去法院，一种是悲伤造成的，另一种则是因为爱。在我求婚那天，父亲的追悼会已经过去 6 个月了，但我有时仍然觉得自己精疲力竭地瘫坐在椅子上，还没有换下那身崭新的黑色西装。我深刻地明白，生活会带给我们许多令人悲伤的理由。因此，我认为，我们有责任创造欢聚一堂的借口，就像是赐予我们自己、家人和朋友一份礼物，并且以某种奇怪的方式，为世界在辉煌与糟糕之间找到岌岌可危的平衡。

另一种感觉更基本，也令我更惊讶。无论从个人层面还是政治层面上来说，我都不是婚礼怀疑者，我认为自己参加过的婚礼既有趣又美好。但我并不是那种梦想有朝一日也会拥有梦幻婚礼的小女孩，即使是成年后最孤独的那段时光也没能激发出这样的幻想：有一天我会站在台上，在所有亲朋好友的见证下宣布对另外一个人矢志不渝的爱情。一生之中，只有 C. 让我有这么做的冲动，当我们讨论究竟应该怎样操办婚礼的时候，我身边的人都知道我有多么爱她。我发现自己想把他们都拉进我的快乐圈，与大家分享我俩之间牢不可摧的"和"关系。

于是，我们决定以传统的方式，在那些塑造了我们、使我们的生活充满欢声笑语的人面前永结秦晋之好。然而，当我们结合了其他各种情感、哲学和实际层面的优先事项，切实地考虑这个问题，并且最终开始筹划真正的婚礼时，才发现行动得太晚了。（C. 的妹妹曾一度执意要帮忙，给我们看了一些婚礼策划杂志上的时间表。我记得，我们当时已经错过第一个截止日期整整一年了。）我们需要考虑时间、地点，也要想想吃什么、喝什么。既然我们都喜欢跳舞，为什么不搞点音乐呢？如果下雨的话，又该怎么办？在理想的设想中，我们应该在自家后院举行婚礼，可那里还在翻新——从所花时间来看，翻新似乎与拆除没什么区别。如果打包票说在婚礼之前全部完工，我们还得同时仓促地制订计划，理智告诉我们，这简直太疯狂了。

无论如何，所有这些可怕的警告都被证明是不必要的；一旦我们最终开始做规划，一切就快速地迎刃而解。C. 的父亲，那位出类拔萃的发现者，告诉我们他听说海湾小岛的顶部有个地方不错，我们只看了一眼，就决定就是它了。C. 和一位酒席承办人是朋友，她整个高中和大学假期都在为那人打工，随后的几年里，他多次敦促她一决定结婚就给他打电话。可 C. 告诉他这个消息时，他叹了一口气，给我们做了一场"你太迟了"的演讲，然后告诉 C.，除了等待 5 月一个周末的竞标结果，他接下来的 14 个月都已经被约满了。我们挂了电话，立刻开始思考备用方案。10 分钟后，他又打回来。他说，他把那个竞标取消了，如果我们能选择那个周末的话，他将虚位以待。

这一下子解决了两个问题：食物和日期。我们自己制作了邀请函，用的是卡片纸、胶水和漂亮的旧邮票，这都得感谢 C. 的邮递员母亲，她在一次庭院旧货大甩卖中为我们采购了一批货。所有的花都是 C. 的妹妹送给我们的，是她从家乡一位种植了数英亩野花的农民那里搞来的。C. 的姐姐是一位啤酒和葡萄酒鉴赏家，她说自己可以提供酒水。她家还有个老朋友是位专业的面包师，从 C. 七岁生日开始，他就为每一次家庭庆祝活动供应甜品（他承办过收养幼犬、赢得农场女王选美比赛、各种各样的派对、高中毕业典礼、大学录取、跳槽新单位、父母结婚纪念日，以及疾病痊愈的庆祝活动，保守估计总共做过约 150 种甜点），我们邀请他来制作婚礼蛋糕。

筹备婚礼的每个阶段都令人无比陶醉，而一切在 5 月那个可爱的日子里显得更是如此。不过，如果让我们在幸福中暂时停下来放松一下，我想我们会这么做的，因为在婚礼前的几个月，我们都有各自的担忧。我无时无刻不在想着父亲已经不在了的事实，在我组建的家庭和组建我的家庭交汇处裂开了一处参差不齐的毛边。我担心，在婚礼那一天，最强烈的悲伤将排山倒海而来。C. 没有这种焦虑，却怀有另一种我从未面对过的焦虑。几年前，她出席一个表亲的婚礼，环顾四周，想知道如果有一天自己结婚的话，会有多少亲戚愿意捧场。她知道，直系亲属们都很爱她，会始终陪伴在她身边，并且从一开始，他们就对我很友好。但是，在她所处的地方，人们还不太能迅速、普遍地接受同性伴侣，同性文化的浪潮还没有波及最遥远的海岸，她在表亲的婚礼上感受到巨大的、意想不到的悲伤。在一路的成长中，她与许多叔叔、阿姨，以及堂兄弟姐妹们关系密切，他们一起打猎、钓鱼、野营，去各家各户参加生日聚会和螃蟹盛宴，圣诞节的时候也会再走一圈亲戚。她与他们相处的深入度，远远超过了她在世界上待过的所有其他地方和社区，尽管在那些地方，C. 也能获得归属感。我第一次见到他们中的大部分人，是在她的一位阿姨的退休派对上，我看着她，轻松自在、笑语盈盈。一想到我在国外旅居的那些年里，得费上好大劲才能和一位同胞见面，然后说一晚上的英语，这样的时刻简直妙不可言。对 C. 来说，一想到和我结婚，她就不得不面对这样一种痛苦的可能性：她在这个世界上最爱的某些人可能会选择拒不出席。

如果你想拥有一个远超预期的盛大婚礼，不妨试着降低你对大家庭的期待。我们充满希望且战战兢兢地邀请他们，对某个人来说，他们的出席很重要。那天，当仪式还有几分钟才开始的时候，家人们都坐在椅子上，露出喜气洋洋的神色。在他们身后，我与 C. 并肩站在门廊处，几乎无法控制自己的情绪，来的人好像比我预期的要多得多。恋爱、结婚、生子、悲伤、死亡：生命中所有的重大转折都是抽象的，可当它们真的降临时，你会感到有多么难以招架。在双亲的陪伴下，C.先走下红毯，送他们入座后，独自转过身来面对着我，身后是鲜花、树木、水域和天空。一瞬间时空交错：她曾站在主街上，气质非凡，即将与我相遇；而我就站在这里，准备和她完婚。

最后，没什么好担心的，一切都值得庆祝。那天，我第一次见到了 C. 的一个比较保守的叔叔，这位身材高大的男子留着灰熊亚当斯式的胡子，魁梧得像个巨石阵；整场婚礼中我最美好的回忆之一就是他把我熊抱起来，就像把一头真正的熊抛起来那样。从那以后，我就一直崇拜他（即使在接下来的 7 月 4 日，他不小心差点用鞭炮砸到我，此举在 41 个州肯定都是违法的），我想这种感觉应该是相互的。至于父亲，他的离世对我造成了显而易见的损失，但那像白天偶尔可见的月亮一样：只因为它一直在那里，所以散发着一种微弱且奇异的美丽。

正是因为举办了一场婚礼，我知道了促使我们这么做的另一个理由，一个我事先无法预料的理由。我不知道我的家人们能否经常有机会这样欢聚一堂。但我很高兴他们至少聚了一次，值得纪念的是：在历史记录里，他们现在已经永久地汇聚在了一起。无论是草草地写在笔记本上还是印在婚礼请柬上，爱都不仅仅是把一个人与另一个人连在一起的私密的"&"。它也是宗谱上的"和"，象征着家族的汇集和世代的累积。爱和悲伤一样，可以重新安排现有的关系：现在我和 C. 的整个家族产生了联系，她也和我的家族相连，并且将永远相连。

这段婚姻，与许多其他结合一样，因为它跨越的所有差异而变得更加丰富、美好。"赞美我主令世界五彩斑斓。"杰勒德·曼利·霍普金斯在一首诗中这样写道。这首诗赞美了世界上所有成双成对的对比，赞美一切"迅速、缓慢，甜、酸，闪耀、昏暗"的事物。上帝知道，那天，一群形形色色的人聚在了一起——犹太人和基督徒、无神论者和虔诚信徒、乡下人和城里人、保守党和进步分子、异性恋和同性恋。我知道，我们的婚礼对某些宾客来说，一定很传统，原因在于它缺乏创新：我们走过的红毯、交换的戒指、吃晚饭的帐篷，诸如此类的事项大体上都遵循着常规。我也知道，对另外一些人来说婚礼很激进，原因在于它的特立独行：没有礼物，没有新娘送礼会，没有彩排晚宴，没有婚纱，没有神职人员主持婚礼，反倒有一系列最适合摆在研究生研讨会上的读物。但说真的，在这种场合下，谁会真的在乎呢？我们读《圣经》，打碎杯子，在饭前做祷告，笑着在椅子上跳起霍拉舞。除了希望我的父亲也能出席，我对那天的每一件事都很满意。

此外还包括：婚礼仪式后、晚餐后、敬酒后、上完甜点后、夜幕降临后，派对上一半人坐着聊天，另一半人在舞池里跳舞，我望向黑暗中，看见地平线处有一团高耸的云迅速地变成了橙色。我欣赏这场风暴与我们保持的距离，以及它巧妙的时机，转身回到派对中。20分钟后，伴随着一声巨大的雷声，它来了，起初我还以为附近的一棵核桃树轰然倒地。少顷，大雨倾盆而下，像船头上的白水一样从侧面向我们冲来。少数神志清醒得令人钦佩之人立即狂奔进室内。其余人躲到帐篷底下，在外面待了一会儿，一半被保护着，一半毫无疑问地处于危险中。我们带着一种令人着迷的狂喜，看着周围300度的壮观全景，闪电划过天空，照亮了海湾。几分钟后，我去找 C. 的朋友，那时这位宴会承办人正站在舞池里，他有着二十余载操办水上活动的经验。我在音乐和暴雨中向他大声呼喊，询问我生命中最美妙的一天是否将以世界上我最爱之人的突然死亡而告终。"我不知道。"他大声回喊道。这在我听来模棱两可至极。但就在我开始召集客人，把他们赶进屋里的时候，一道特别引人注目的闪电把整个世界都变成了白色，然后我们冲出帐篷，向有顶棚的门廊奋力跑去，脚下的礼服鞋子嘎吱嘎吱地陷进草丛里。

那天晚上，东海岸并没有发生龙卷风，但在我一生中，很少经历这样巨大的风暴。如果我有能力策划出一场涉及气象实况的婚礼活动，我根本不会想要这样做，但我实在想象不出那个可爱且阳光明媚的一天还能有怎样更好的结局。有几个人去睡觉了，其余人挤在门廊上的椅子和沙发上，有说有笑，一边吃着不知从哪儿弄来的一罐饼干，一边欣赏着迷人的天空。我尤其记得母亲坐在我们当中，虽然她看上去湿漉漉的，却容光焕发，充满活力地陪我们一直待到凌晨两点，她确实这么做了。

但在那之前很久，最后一件意想不到的事情发生了。午夜前十分钟，很少忘记任何事情的 C. 从椅子上倏地站了起来。她突然想起的是结婚证，在那天欢乐的骚动中，我们完全忘记了签署结婚证。现在回想起来，原本可以随它去，次日再补签。但不知何故，那似乎预示着我们将以错误的方式开启婚姻生活，于是我跑上楼，把那位为我们主持婚礼、还在倒时差的英国朋友从昏昏欲睡中叫醒。

根据策划，我们没有安排婚礼现场录像，但有人拿出手机，录下了我们第二次即兴婚礼的视频。视频里，司仪穿着睡衣，兴高采烈地在婚礼的最后一刻为我们签署下结婚协议，而此刻我正坐在 C. 的大腿上。在我们周围，亲朋好友再次举杯畅饮，C. 亲吻了我。紧接着，一道闪电划破长空，在那一瞬间，你的耳中只有笑声，你的眼中只有光芒。

矛盾是一种完整

这样的一天简直太罕见了，充满了持续、纯粹、显而易见的快乐。我并不是指，从情感上说，快乐是极其短暂的；我的意思是，完全沉浸于一种情绪中很长一段时间是不同寻常的。生理上的感觉，即使是那些对健康身体的相对折磨，也可能是残酷无情的。严重的牙痛或任何其他持续的疼痛会主宰你醒时的每分每刻。但即使是最强烈的情感也是断断续续和反复无常的，永远都必须与其他情感成员共享舞台：悲伤交织着感激，愤怒夹杂着无聊，幸福与烦恼交融，沮丧与愉悦齐飞，诸如此类的情感无穷无尽。

我们大多数人本能地憎恶这种混合。我们高兴时，就想拥有全部的快乐，而不是同时怀念父亲、担忧工作，或者被电话公司糟糕透顶的客户服务激怒。这种对满足的渴望完全有道理，但我们也常常希望别人不要来打扰我们体验不愉快的感觉。从某种程度上说，这是因为痛苦带有一种惯性，坏情绪总想固执地持续下去。我感觉，处于人生低谷时，我不想冒险出去参加任何社交活动，因为我得假装自己很快乐，却忽略了一种可能性，就是一旦去了以后，我有可能会感到真心的快乐——或者，更准确地说，我认为自己并不想摆脱不好的感觉。更糟糕的是，我有时会在一场毫无意义的争论中恋战过久，只是因为自己心情不佳，宁肯吵架也不愿改善。这种情绪上的不妥协是很常见的。愤怒让人只想生气（轻浮对它来说是致命的，同情亦是如此，因此，这两者都被它抵制）；无聊拒绝一切可能战胜它的事物；孤独只想一个人待着；至于悲伤，正如我前面提到的那样，是如此害怕暴露自己，所以它只想让悲伤逆流成河。

然而，这种惯性的倾向并不是我们渴望纯粹情感的唯一原因。这种渴望也与一种我们应该如何体验生活中最重要方面的错误观念有关。我们都知道爱是什么，它是一条明亮、清澈的欢乐之流，源源不断地流经阳光普照的山谷；我们也都知道悲伤是什么，它是一次可怕的崩溃和坠落，就像一根从天而降的大树枝，把灵魂砸得屈膝倒地。这些想法确实描述了每种经历中的一部分，但它们都没有捕捉到坠入爱河或失去亲人的真正含义。还有很多其他的感受也涌了进来，有些甚至扎堆聚集在了同一个寄存器上。爱的确是一股清澈而永恒的溪流，但它也是情欲、温柔、钦佩和感激。悲伤是一次可怕的断裂，但在父亲去世后，我才意识到它也是忧虑、烦躁与怀念。

此外，其他特定风格的大量感受也代表着每一种不同的体验。如果不是有时毫无感觉，有时感觉"错误"（一些完全不符合悲伤概念的情绪或者情感），人们几乎很难产生哀悼之情。丧亲之痛意味着你今天可能对完全陌生的人大发雷霆，明天又被他们感动得难以复加；它是一种凄凉的消遣，一种隐蔽的怨恨，一种宽慰和强烈的遗憾，完全取决于失去或者当时当刻的情况。我们带着各种各样但同样真诚的情感，一边哀悼一边去爱。爱除了一切崇高和强烈的情感，还包括妻子的粗暴无礼对你造成的伤害，或者当你发现丈夫一整天都在猫的呕吐物旁走来走去却没有清理它时的恼羞成怒；爱人咬指甲时，爱时而表现为干预，时而表现为容忍；当你只想静静看书，却不得不耐心地听伴侣滔滔不绝地抱怨老板。无论过去还是现在，在这个星球上，所有恒久的爱里都包括这些纷繁复杂的情绪。蒙田曾经写道："如果有人因为看到我对妻子时而冷眼相待，时而深情款款，而认为我在装模作样，那他就是个傻瓜。"

我们认为所有这些情感都是多余的、模糊的，它甚至亵渎了真切的爱。但世上并没有所谓的真切的爱；或者，更确切地说，这些反应混杂在一起，才是真切的爱。爱是你坠入爱河时所有感觉的总和，悲伤是你悲痛欲绝时的全部感受。其他一切都只不过是一个抽象概念，是大脑中的溪流或树枝。"一个人永远不会只与癌症、战争或者不幸（或者幸福）相遇。"C. S. 刘易斯在《卿卿如晤》中写道，"他只会在某时某刻与之相遇。"无论你生活在幸福之中还是罹患癌症，岁月如歌，瞬息万变。正如刘易斯所写的那样："在我们最鼎盛的时刻，也有许多不尽如人意的地方；在我们坠入谷底之际，也能望见一抹璀璨的星空。"

在我的生活中，没有比父亲追悼会后的招待会更明显的例子了。尽管是因为丧亲才举办的招待会，但它仍然是我参加过的最伟大的派对之一。追悼会本身或多或少地如我期望的一般，忧郁、充满了爱意与哀思。但此后，在那个美丽的秋日傍晚，我们在一位老朋友家的前院里举行的派对，则完全是另一番景象。那个地方就位于我从小长大的那套房子所处的街道上。如果有人事先告诉我，我怀疑自己可能不会相信，但这真的非常有趣。我爱那些爱我父亲的人，这份爱在那天晚上达到了巅峰；就在这个世界似乎无比空虚之际，他们为大家带来了欢笑、故事和实实在在的善良，让万物重新绽放出金色的光芒。我记得自己在晚会将尽时环顾四周，空气里充满了感激的氛围，以及巧克力蛋糕的香味——好几个星期茶饭不思后，我发现自己突然饿坏了。我不带一丝哀伤地想，如果父亲也在这里，他该有多高兴。那一刻为他悲伤的经历瞬间浮上心头，比如，在我们决定放弃治疗的那天，我无能为力地看着一个护士拔掉了所有监视器的电线和他手上的留置针。

任何失去至亲之人都能理解我那晚感受到的快乐的重要性。它暂时让清澈溪流的分支流到了被毁灭的林中空地上；它让我们的眼睛看到一些可怕的光，但又提醒我们，这光束遥远得不可思议。然而，我们为这种情绪可变性付出了巨大的代价：有时，悲伤反而会阻挠我们的快乐。我知道这一点，因为无论在我的至暗时刻，还是最春风得意时，都能感觉到光束突然的转变。在我和 C. 结婚几个月后，我们终于可以坐下来好好看看婚礼上的所有照片。我们正兴致勃勃地重温往事时，看到这样一张照片：我和母亲并肩站在海边，面带笑容。这张照片很美，我们的喜悦溢于言表。但事后再看，我能看到的只是另一侧广阔无垠的切萨皮克湾，我的父亲本该站在那片广阔、蔚蓝的空地上。这是悲伤对我的家庭进行重组的最直白的表现；父亲的缺席如此明显，以至他几乎像是从照片中被裁掉了。我突然感到一种折磨人的双重痛苦：一是因为我有多么想念父亲，二是为父亲在离世后这两年不到的时间里究竟错过了多少精彩的时刻。

在我写这本书的过程中，这张照片一直挂在我旁边的墙上。初次见到它的震惊消退后，我变得非常喜欢它，部分原因是照片令我的失去变得明显且美好——我觉得这是自己所拥有的最像父亲出席我婚礼的照片，但主要还是因为，这薄薄的一页纸同时承载了我的喜悦与悲伤。这在我看来没错。人生总是事与愿违：你时而崩溃，时而复原；时而忙碌，时而无聊；时而可怕，时而荒诞；时而滑稽，时而振奋。我们不可能摆脱这种不断融合的感觉，不可能为了追求某种想象的本质而过滤其表面的杂质，即便可以，我们也不应该这么做。错综复杂的世界要求我们做出同样的回应，这样矛盾就不会掺入杂质，而是一种完整。

爱与悲伤密不可分

昨天晚上，我比 C. 先睡着了。我蜷缩着靠着她的背，她还醒着，又看了一会儿书。我依稀记得，她伸手去关灯时，身体短暂地离开了我，之后就到早晨了。我们互换了位置；我面对着墙，她紧紧地抱住我，她的手握着我的手。我们家的一只猫，深情得不可思议，爬进了我们缠绕在一起的手臂里，给自己安了个家，在我身边心满意足地喵喵叫。几年前，因为要给手头撰写的一篇文章做相关研究，我了解到，科学家们用趋触性来描述积极寻求身体接触的生物。我家的猫非常喜欢身体接触。所以，我们充分尊重彼此的需求。"亲昵、亲昵 / 情人整夜耳鬓厮磨 / 她们在睡梦中 / 一起翻身。"伊丽莎白·毕肖普曾在一首好笑而迷人的小诗开头这样写道，尽管它从未被发表，但这又有什么关系呢？谁能知道爱中的哪些情绪是由生理因素决定的，或者说两者是怎样相互影响的，又或者猫的感觉和动机与我们自己的又有多少不同？

那个早上，我们在马里兰州自家的床上醒来。我们不再像过去那样频繁旅行，所以行程变得更加可预测。整整几个月过去了，我们几乎都没怎么离开过家。今天，我们在共享的办公室里工作了一段时间后，C. 搬去餐桌上干活，然后我们一起上楼进了房间，那里有一张足够容下我们两人的沙发，壁龛里放着一张学校常用的小书桌。猫咪们跟着我们从一个房间溜到另一个房间，最黏人的那只从一个人的腿面跳到另一个人的腿面上。下午,我们休息了一会儿,走出去看看9月下旬的菜园逐渐凋零的现状,在我们刚搬进来时C.的父亲帮忙重建的旧栅栏旁漫步。从那时起,每年春天,我们都会在它旁边种上一大片野花,那一丛艳丽千变万化,能盛开整个夏季。到了每年此时,它们几乎就和我们一样高了,并且开始结籽,但我们仍然喜欢沿着它们一直走到尽头,看看我们能看到什么:晚霞照耀下的明亮苍穹;最后一朵暗蓝色的矢车菊;肥厚的、把花粉搞得满手都是的秋麒麟草;些许亮粉色的百日菊,每一朵都像老式的女士泳帽那样圆润,花瓣紧簇。8月,许多蝴蝶飞入花丛中,有时一根花柄上能看到两三只蝴蝶;可现在,这些都没有了,但我们走着走着,就有许多蚱蜢从面前跳开。我们沿着屋后的小池塘返回时,每走一步都能听到牛蛙受惊的叫喊和扑通落水的声音。

C.的父亲比尔曾经告诉我:"我经常想,作为一个彻头彻尾的普通人,我这一生相当不平凡。"他在没有室内排水管道的环境里长大,平时总把手机装在口袋里,把手机铃声调至紧急警报的音量,那声音大得都能盖过拖拉机。他把一生中最挚爱的女子娶回了家,并且养育了三个出色的孩子。他这辈子做过农民、杂货店售货员、托管人和管理员,却遇到过四届总统:一位在东海岸发表演讲,两位雇用了他的大女儿,还有一位在C.的大学毕业典礼上发言。他以微乎其微的惊人概率,发现了一颗流星。我明白他的意思,我知道即使他从未见过市长,甚至从未见过陨石,也会拥有同样的感受。因为我亦有同感:即使岁月平淡无奇,我也过着不同凡响的生活;生活并不需要向我们展示任何更著名或者更壮丽的奇观，已足以使人大为惊奇。我们过着非凡的生活，因为生活本身就是不平凡的。只要痛苦能让我们独处足够长的时间，你就不可能对这一事实视而不见。

最近，我发现自己几乎无法承受这种日常的超凡。就像我说的，我从来都不喜欢恬淡寡欲，但最近几年，我比以往更容易受到情绪的影响，或者更确切地说，受到一种特定情感的影响。据我所知，尽管这种情感接近于葡萄牙语中"爱而不得的渴望"，或者日语中的"物哀"，却没有恰当的英语名。它是一种在轻微暴露的基础上记录我们生存状态的感觉：生命是多么美好、多么脆弱、多么转瞬即逝。虽然这种感觉在一定程度上是对我们在宇宙中所处位置的回应，但它和敬畏并不完全一样，因为其中包含了太多的日常生活，以及太多的悲伤。出于同样的原因，它也并非浪漫主义者所认定的那种崇高的感觉——一种由物质世界巨大、客观的宏伟所引发的钦佩和恐惧。我说的这种感觉没那么华丽或惊恐。相反，它是由感激、渴望和我口中的"预期性的悲伤"所组成的。在英语词汇中，与它最相近的词可能是"苦乐参半"（bittersweet），这是古希腊女诗人萨福创造出的希腊语翻译，专门用来描述坠入爱河的体验；她是第一个也是永远地把爱情的喜悦与痛苦相结合的人。但是，虽然"苦乐参半"准确地捕捉到这种感觉中甜蜜与苦涩的混合，但爱的亲密起源意味着它缺乏必要的面向世界的一面，缺乏对问题严重性的感知：我们拥有的一切，总有一天都会失去。在我们经历的每一种"和"中，我发现这种意识是最剧烈的：爱，无论以何种形式出现，都与悲伤密不可分。

我的这种感觉几乎可以被任何东西激起：基本的人类尊严、非凡的勇气、令我想起人类不可思议才华的艺术品，这说明现在的我有多么脆弱。我曾在一个夏日的晚上，不小心杀死了一只萤火虫，在卧室的墙上留下了一个发光的、令人心烦意乱的污点；在 11 月的一个晚上，我在倾盆大雨中发现了一只六周大的小猫，它性命堪忧，拼尽全力号叫着寻求帮助；我和 C. 吃过晚饭后又在好友们午夜的欢声笑语中逗留了几个小时，蜡烛早已变成了蜡冰川，杯底消失的酒渍好似教堂彩色玻璃上的新月。无论在室内还是室外，无论白天还是黑夜，无论独自一人还是与人为伍，我都会被它侵袭，所以我不得不安静地待一会儿，或者干脆转过脸去。

我不认为我所描述的这种感觉等同于多愁善感，即那种由催人泪下的电影、老掉牙的商业广告和重复循环的乡村歌曲所引发的情感。多愁善感意味着过度强烈的情感，通常是由操纵手段引起的，但这两种指控都不适用于该种情况。那些使我充满温柔、哀伤之情的事情都是天底下最难操纵的；对于它们最好的概括是：世界就是世界。至于过度——好吧，对于终将失去的所爱的一切，包括自己的生命，我们该作何感想？面对这样的事实，什么样的情绪才算是不相称的呢？

如果说有什么不同的话，令我惊讶的是，我们并不会经常被这种感激与悲伤交织的情感所征服。于我而言，在遇到 C. 和失去父亲后，我变得如此容易受到它的影响是情有可原的。很快，我找到了一份最基本的爱，又失去了另一份爱。从那以后，生命的奇妙和脆弱都格外明显地呈现在我面前。到目前为止，我一直没有提到它，但这是爱、浪漫关系或者其他方面最显著也是最困难的方面之一：在我们无法控制的力量面前，它非常脆弱，因此也非常可怕。"现在你的幸福出现了"的必然结果是"从此刻起，在任何时刻，它都有可能消失"。

这种恐惧之所以具有可怕的力量，是因为它与许多其他不时困扰我们的事物不同，它终有一天会成为现实。在你是否会失去所爱之人这件事上不存在"如果"，只存在怎样与何时。对我们这些想象力丰富的人来说，这种问题简直是一种折磨。"谁将寿终正寝，谁又英年早逝？"乌内内·托克在祷告语中这样问道，这是犹太人在赎罪日吟诵的一首怪异而可爱的礼拜诗。当我们抵达各自的终点，"谁死于刀光剑影，谁又死于野兽之口？谁死于饥饿，谁又死于干渴？谁死于地震，谁又死于瘟疫？谁死于勒杀，谁又死于石刑？"这些祷词虽然令人回味，却不完整，你很容易在晚上躺在床上醒来时，自由发挥填充诗句。谁死于癌症，谁又死于车祸？谁死于心脏病，谁又死于中风？谁死于枪击，谁死于流感，谁又死于坠落？

这份清单可以一直列下去，很长、很奇怪，也很悲伤，足以解释最令人震惊的死亡。死亡无处不在，千变万化，正如蒙田所写的那样，"死亡可能从四面八方降临"，所以我们"像身处一个多疑国度之中那样，经常转头看看"。也许我们足够幸运，所有的警惕都将被证明是不必要的；也许我们所爱之人会在儿孙绕膝的情况下颐养天年，无疾而终。爱又是多么残酷，它让人只想照顾、保护他人，可我们最终还是无能为力，必须把生命中最重要的东西和挚爱之人的幸福托付给命运。幸福意味着你需要很多很多的"气数"（hap），这是运气的古语：我们的欢乐、福佑皆取决于运气。

当然，这可能是我为这个问题所困扰的原因。提笔描绘自己情感生活的一大难点在于无法揣摩出它究竟具有多大的代表性，即它与其他人内心深处的经历重叠或者偏离的程度。我敢肯定，有些人因其心理特点或宇宙观而不会过多地担心他们所爱的人。但我自己一直拥有一台灾难性的"假使……将会怎么样"的机器。甚至在我幼时，每当父母把我和姐姐交给保姆照看，我都会躺在卧室里睡不着，满脑子都是醉驾的司机、暗黑的小巷和离奇的事故，只有听到父母的车子撞到我家车道砾石地基的声音，我的恐惧才会缓解。

多年以来，我变得更加理性，也更善于自我安慰，但内心的恐惧却丝毫没有减少，谈恋爱只会加剧这一问题。现在，我想象中所有无尽的悲剧都降临到了 C. 身上，当她独自外出时，我在黑暗中倾听的车声就是她所坐的那辆。就这一点而言，即使她能平安地回到我身边，也未必能减轻我的恐惧。有时候，我把头靠在她的胸前听她的心跳声，我想古往今来所有的恋人都会这么做。虽然我很珍惜她的身体带给我的感觉，也很珍惜能在距离她内核这么近的地方避难的感觉，却还是很忧虑。C. 天生心跳很快，她有着惊人的新陈代谢率，可以在睡眠少得离谱的情况下忙碌一整天。我有时担心这一切意味着她把才华的蜡烛燃烧得过快，在不久的将来，她会把我一个人留在无法驱散的黑暗中。

然而，无论这是否会成为现实，更大的问题仍然存在。人固有一死，我和 C. 也不例外，除了死亡的方式和时间，我们两人都被以下这个折磨天下有情人的问题所困扰：我们当中谁会先走一步？我想，许多夫妻都曾对彼此许下无法兑现的承诺，也曾像我和 C. 一样，不求同年同月同日生，但求同年同月同日死。步入死亡，就像我们步入相濡以沫的每个夜晚与清晨那样，彼此紧紧相依，心怀感激，与世无争。

在历史的长河中，有任何一对夫妻能够如此幸运吗？也许有那么一两对。但我俩的概率真的很小。十有八九，我们中的一人会在夜里撒手人寰，把另一人留在床上，独自面对崭新的一天：如果用保险统计表来算的话，先走的应该是我，因为我年纪更大；如果按照预感来说的话，那就是 C. 了，因为她从小就预感自己会早逝——我真希望她从来没有给我讲过这个故事，因为它不时地使我感到一种如海洋般巨大而寒冷的恐惧。我不想死，这绝对是肺腑之言，但我宁愿自己死亡，也不愿在她离世后独自苟活。我想象不到自己会停止产生这种感觉，即使我很幸运，半个世纪后，一家人仍能在一起照料野花，这证明我对 C. 的担心就像童年时对父母的担忧一样是"杞人忧天"。然而，即使在这种情况下，我也知道一旦大限将至，这些时光带给我们的抚慰有多么微弱。我从未忘记曾经收到过的一封信里那句让人柔肠寸断的话："我是何其幸运，但仍希望爱可以持续得更久一些。"它出自我鳏居了 62 年之久的舅姥爷笔下。

如果有什么不同的话，就像所有的阴影一样，这个尾随于爱身后的影子会在一天的晚些时候拉得更长。当我还是孩童时，死亡似乎是一次意外事故、一种紧急情况，尽管我抽象地理解，人人终究难逃一死。但父亲去世后,我开始感觉到它的必然性,我知道,随着时间的流逝,它只会变得更加强烈。在人生的各个阶段,我们都有得有失,但随着时间的推移,整体分布会发生变化,随着年龄的增长,失去的打击更频繁,亲密关系也更具破坏性。因此,随着衰老的降临,我们面临的困难也会发生变化。就拿爱情来说吧,摆在我们面前的第一个问题就是如何找到爱人。但爱情最持久的问题,也是人生亘古不变的问题,就是我们该如何接受终将失去它的现实。

不只是连接,还是延续

在父亲逝世一周年的忌日上,我突然想到了这个问题的答案。那天,我醒得很早,在逐渐衰退的黑暗中,我被一种不安的感觉所包围,觉得自己应该做点什么。我立马就意识到了它——我指的是那种感觉。这是周年纪念带给我的不安,一种因为找不到纪念这一时刻的合理方式而产生的漫无目的的感觉。除了像犹太人在纪念日那样点燃一支逝世周年纪念蜡烛,我从来都不知道该如何在没有父亲陪伴的岁月里庆祝自己的成长。有些传统的选择并不奏效:因为我们把他的尸体捐给了一所医学院,所以没有坟墓可以祭拜,也不能回到抛撒骨灰的地方寄托哀思。在 C. 与我恰恰相反的成长过程中,一直有着定期为亲戚扫墓的传统。父亲去世后不久，她问我，是否愿意为他刻一块碑，立在我们家里，只要想念他，就可以随时坐在旁边悼念。当时，我开玩笑说，我很确定父亲宁愿在书架上获得永生；但无论如何，我都从未制作过任何形式的纪念品，我也从未想过任何纪念他生辰和忌日的方式，尽管我一直认为这样做很重要，也很必要。

所以那天早上，当我醒来心情不佳，不知道该做什么时，我就把这个问题交给了C.，她决定带我去当地的植物园散散心。我们沿着一条环形小路穿过树林和草地，经过了当地的黄樟树、山月桂、亮叶漆树和山羊遍地的牧场，最后回到了出发的地方，那里有个莫奈式的小池塘，中间还有一座木桥。那是9月里明媚的一天，清风徐徐，温暖宜人，我们在那里站了一个多小时，肩并肩靠在栏杆上，就这样看着：两只乌龟趴在半沉的圆木上晒太阳；一只蜂鸟俯冲下来，盘旋在一株黄瓶子草的花藤旁；一只白骨顶游得水花四溅；一只苍鹭以令人不可思议的耐心，在60分钟内向东移动了15厘米；挂毯似的鼠尾草绿藻像光影一样在水面上缓慢晃动。

在父亲周年忌日前，我度过了很糟糕的一周，这个星期和父亲去世后不久的感觉很相似，我轻微不适、愚蠢笨拙、比以往更加情绪化和易怒——失去亲人后，心就像候鸟一样，既能适应季节的变化，也能以引人注目和令人烦恼的方式记录悲伤周期性的回归。但与C.走在植物园里，我感到了平静，甚至还有满足，在成年人的世界里，满足可以与悲伤和苦恼的全部历史共存——事实上，它们几乎都是我的预设，因为这意味着接受生活原本的面目。那天，我并不比平时更想念父亲，并且与往常一样，我也感觉不到他的存在。但我很高兴能在池塘边让时间慢下来，在下午的部分时间里什么也不做，只是看看那斑驳的绿色美景。既然我再也不能和父亲坐在一起，那么找一天，和整个世界在一起坐坐也不错。

自父亲去世后，这个世界已经发生了太多太多的事情。首先，在新冠病毒肆虐前，甚至在我们自己生活的小圈子里，就有数量惊人的人死去：朋友的朋友，一个月前死于肺癌；朋友的父母，一夜之间离世。新生婴儿如此之多，以至每年冬天，我们放节日贺卡的壁炉架看上去就像是繁忙的产科医生办公室里令人愉快的布告栏。我们在其他夫妇喜结良缘时为之欢庆；C.曾在我们初次约会前参加过一位好友的婚礼，此人离婚后，我们驾车到纽约帮她打包、拆箱，买碟子、垃圾桶和浴垫。在我的母亲需要更换人工心脏瓣膜之际，我们回到了克利夫兰诊所，那里充斥的阴郁立刻将我笼罩；我觉得自己仿佛已经一万岁了，并且好像有九千九百九十九岁都是在医院里度过的。这段经历熟悉得令人沮丧，除了两天后，母亲看上去安然无恙，她在不需要特别帮助的情况下，做了父亲没做到的事——回家。

面对困难或者心碎，人们经常会告诉你：生活还要继续。我一直很喜欢这一说法，尽管它因为拒绝轻易的安慰、拒绝言无不尽而可能略显老套。这句话既没有承诺痛苦终将结束，就好似人们常说的"时间会治愈所有的伤口"和"一切都会过去"那样，也没有"明天又是全新的一天"的豪迈色彩。它就事论事：好事、坏事，事事顺其自然；它含糊其词：地球离了谁都照样转。这与其说是一种安慰，不如说是一种提醒：你不能放任自己想坐多久就坐多久，一醉解千愁。自身的情绪不仅会开始分散你的注意力，迟早，世界上的其他地区也终将恢复维持运转的诸多需求。在你感觉已经做好准备前，你必须去工作、打扫厨房、付清电话费；你将不得不听其他人谈论华盛顿国民队棒球赛、美国国会黑人同盟，或者夏令时；你会为一些无关紧要之事大发雷霆，为一些无关紧要之事开怀大笑，看着爱人，除了褪去她的衣衫，别无他想。幸福也是如此。没有人会在某人恋爱后对他说"生活还要继续"，尽管事实的确如此。尽管热恋初期"爱到发狂"的时光妙不可言，但你不会永远都凝视着爱人的双眸，或者和她在午夜做煎饼，并且一直在床上赖到日上三竿。最终，一些新的发展将会吸引你的注意力，在此之后又会有更新的发展。

这是"和"隐含的另一层意思：还将有其他事情发生。当这个词第一次在英语中出现，它的意思是"下一个"，并且它仍然保留着对未来的隐性导向。"X、Y、Z、和"：只要把它加到任何东西的末尾，都是一个反停止的标志，预示着一切尚未完成。（"然后呢？"我们常在某人还没讲完故事或者还没表达完观点，却陷入沉默时这样说，这里的意思是"请继续"。）因此，"和"的感觉不仅仅是连接，它也是一种延续。它表示的富足，即总有更多东西的感觉，不仅是空间上的，也是时间上的。

这种富足是生命中最美妙的事情之一，也是最困难的事情之一，因为它解除了我们自身存在的束缚。世界充满了各种各样的可能性：值得一去的地方、需要学习的知识、可供消遣的读物、应该掌握的技能、要见的人、鼎力拥护的原则、追求的发展路径,但每个人只能取一瓢饮。因此,尽管我们都喜欢为自己的生活做选择,但做的很多事情其实等同于与那些从未做到的事情较劲。例如,从六七岁到二十岁出头,我萌生过从事许多不同职业的想法:巫师、法官、体操运动员、赛马骑师、小说家、历史学家、宇航员、数学家和登山运动员。

我热爱我的生活,不愿用它来交换其他任何东西,但我不确定所有这些想象中的未来所留下的微弱的、渴望的痕迹是否会完全消失。这并不是因为我内心深处对于自己还能成为谁抱有幻想,这只是对丧失抵押品赎回权可能性的普遍哀悼。从我们出生的那一刻起,很多机会就遥不可及,它们被环境排除在外,而随着年龄的增长,你会丧失更多的可能性。"你不可能把所有体验一网打尽。"弗吉尼亚·伍尔夫满怀遗憾地写道;我们最多只能瞥见丢失之物的一小部分,"就像我走在伦敦街头时向地下室投去的匆匆一瞥"。几十年后,诗人露易丝·格丽克将这个问题描述为"形而上的幽闭恐惧症:永远孤身一人的凄惨命运"。所有其他可能的存在,比如在爱达荷州、洪都拉斯共和国或者巴基斯坦拉合尔,做一个木匠、棒球运动员或者音乐天才;作为独生子女兼他人的兄弟姐妹,或者本身是七个孩子中最小的那个,却想成为独生子女——我们是不可能同时获得所有这些不同的人生经历的。不可避免的是,我们只有一次生命,无论我们的精力有多么充沛、兴趣有多么广泛、多么幸运、多么长寿,能做的也就这么多。在宇宙广袤无垠的大背景下,可为之事显得如此微不足道。

这就是人类处境中的基本难点:生活还要继续,我们却停滞不前。也许虔诚信徒的看法是对的，我们中的一部分人死后还会继续活下去，但无论如何，世人公认的生活，如恋爱，悲痛，去杂货店购物，海洋戏水，夜间开车听音乐，摇下车窗，在白鹭、苍鹭、黑熊和跳蚤等细节中度过的每一个美好和艰难的日子：在我们死后，它们都将烟消云散。这就是人终有一死的本质，但你很难完全想象，更别说接受了。生命比天大，在生活中，它让人感觉如此充盈、重要，以至我们很难理解，与整个人类的历史相比，生命是多么短暂，更别提与浩瀚的时空相比了。

我们自己生活的范围与他人存在范围之间的这种根本差异会让我们产生两种不同的感觉。其中一种与失去的感觉类似：宇宙庞大得惊人，我们却渺小得可怜。另一种与发现类似的感觉是：宇宙庞大得惊人，我们却不可思议地存在于此，真是太弥足珍贵了。和其他许多对比鲜明的感觉一样，我们大多数人最终都会产生这两种感觉。人们很容易感到渺小、无力，也很容易为能来人间走一遭而感到惊讶、幸运。

不过，总的来说，我还是站在惊讶这一边。即使是池塘这样简单的东西，我也不能无所事事地长时间仔细观察。这就是那天我在植物园所领悟到的：在不可避免的失去面前，对我们最有利的不是悲伤或默许，而是关注。至少现在，**世界由我们来关注和改变**，在我看来，这就足够了。确实，失去最终会使我们与它分离，但正如我前面所说的那样，许多绑定也是真实存在的。我们的艺术作品、光荣事迹、善良和慷慨的举动，所有这些都以看不见的方式将我们与子孙后代联系在一起。生儿育女亦是如此,这是结合与延续的终极行为。曾经,在我九岁或十岁的时候,无意中听到父亲开玩笑说,有了孩子并不能让你保持年轻,但如果你幸运的话,它会让你变得有点不朽。现在,因为我和 C. 也即将拥有一个孩子,我明白了他的意思,我感到父亲和我的生命都具有超越俗世生活的意义。

对我来说,无论我们是否有孩子,为人父母之道已经清楚地表明了放之四海而皆准的真理:我们首要的身份是照顾者,这是一个既重要又短暂的角色。如果不是站在前人的肩膀上,我们谁也不会在这里,没人知道我们的存在将在何种程度上、以何种方式影响身后的一切。沃尔特·惠特曼比史上任何人都要更加了解世界的丰饶,他当然也对这一点心知肚明。倚靠在布鲁克林渡轮的栏杆上,眼前是目不暇接的美景,他的肉身跨越了水域,思绪穿越了几个世纪,蓦然回首,他发现自己与所有经历过同样旅程的人都密不可分。他知道,生命会超越每个个体而存在,但它也是由个体所组成的。我们是"和",是事物延续的一部分,是连接现在和未来的纽带。

此刻与世界同在,这是我们拥有的一切。它不会长久,因为没有什么会永垂不朽。熵、死亡、灭绝,宇宙的全盘计划皆由失去组成,无论我们在这一路上得到了多少东西,生命都相当于一个反向的储蓄账户,一切最终都将被剥夺。我们的梦想、计划、工作、膝盖、后背,以及回忆;房门钥匙、车子钥匙、王国密钥,以及王国本身:迟早,所有这些东西都会漂流进失物谷。

所以我知道我和 C. 之间的缘分也是暂时的。总有一天我会像失去父亲一样失去她，或者我会像父亲失去我那样失去她，随着生命的流逝，一切都将烟消云散。我们当中必有一人先走一步。我们会悲伤，也会被人悼念，之后不再悲伤，然后被这个世界彻底遗忘，未来的子子孙孙们几乎无法知晓我们的姓名。百年以后，我们结婚的地方沧海桑田，它会和东海岸的其他大部分地区一样，被不断上升的海水淹没。生活在这里的所有物种最终也都会消失，像曙马和巨齿鲨一样不复存在。奔腾不息的时间大河，终将带走我们所知的有关生命的一切。

这一点儿都不奇怪，也不令人惊讶；它是事物根本的、不可改变的本性。惊奇始于这里。它是池塘里的乌龟，是脑海中的思绪，是流星，是大街上擦肩而过的陌生人。它是今天早上我一醒来就在 C. 的眼睛里再次看到沐浴阳光的绿色，以及入睡前钻进她怀里获得的幸福感。除此一切之外，似乎只会拿走东西的失去也增添了自己必要的贡献。不管你失去的是需要的物品还是心爱的人，教训总是一样的。消失提醒我们注意，短暂教会我们珍惜，脆弱令我们奋起捍卫。失去是一种外在良知，督促我们更好地利用有限的时日。人生如逆旅，我亦是行人，在短暂的客行中，最好的做法莫过于将所见所闻尽藏于心：为尊崇之物颂以赞歌；向需要关怀之人施以援手；意识到无论是尚未来者，还是弃我去者，都环环相扣、密不可分。我们是"瞭望者"，而非"守财奴"。

致　谢

我曾经听已故的安东尼·布尔丹这样谈论我的经纪人金伯利·威瑟斯庞：如果她在凌晨三点打电话给他，让他拿些胶带、一把刀和一卷垃圾袋，15分钟后在第九街和C大道的拐角处见面，他一定二话不说，准时出现。我想不出还有什么更好的语言，来表达人们对金的信任和忠诚，主要因为她是一位靠谱、忠诚并且极其值得信赖的人。她可能是我职业生涯中遇到过的最好的监管人，更别提她有多么搞笑有趣了，有此经纪人兼良友，我真是三生有幸！我也要感谢Inkwell文学管理公司所有其他才华横溢、乐于助人的人，尤其是亚历克西斯·赫尔利。

我记得自己曾在曼哈顿的一个街角，与希拉里·雷德蒙深夜会晤，然后我们成了好友，这发生在她成为本书的编辑之前。于我而言,这是一份极大的安慰,尤其是在创作"失去"部分时,我遭遇了非常艰难的时刻。好在我知道自己不仅可以依赖她高超的编辑力,也可以借助她完美的人性和友善。从一开始,她就是本书耐心十足的拥护者,我对她及其兰登书屋的所有同事,包括卡丽·尼尔、阿耶莱特·杜兰特和露丝·利布曼充满了感激之情,在需要鼓励之时,我总能在邮箱里收到他们热情洋溢的问候。

我在《纽约客》的编辑亨利·芬德不会把自己的姓氏念成"发现者",尽管如此他还是发现了我,我将永远对此充满感激。在这里,和在其他地方一样,我的写作从他的慷慨、思想的广博和惊人的洞察力中受益匪浅。他和杰出的编辑兼卓越的绅士戴维·雷姆尼克一起,给了我一个梦寐以求的卓越、幸福的专业大本营。我非常感谢他们付出的时间和信任,也感谢他们在杂志上为本书起源的专栏文章留出版面。

我还要感谢其他愿意花时间阅读本书,并使之变得更好的朋友和同事:贾里德·霍尔特,即使他已不再是我的编辑,仍愿意为我效编辑之劳;塔德·弗兰德,他和我进行了一次出人意料、极其有趣的手稿交换,结果令文本更加清晰流畅;希亚·托伦蒂诺,她无限的热情和敏锐的洞察力令我印象深刻;莱斯莉·贾米森,她写出了有史以来最精彩的编者按之一,高擎起"叙事"的指示牌;海伦·麦克唐纳,她以强烈的同理心对书写悲伤的挑战感同身受,知道从何落笔,以及其他的一切;还有迈克尔·卡瓦纳,他以极大的耐心为打磨本书的内容做出了有益的助力,无论欢笑,还是悲伤,他都一路相伴。感谢贝卡·劳丽，她不仅是业界最好的私家侦探，也拥有最佳的设计慧眼。感谢本·费伦全面彻底的事实核查。如有其他任何错漏，责任皆由我来承担，尤其是那些与奥格登·纳什有关的错误。

本书主要取材于家庭，如果不是我的家庭（原生家庭和成年后组建的家庭）给我始终如一的爱与支持，我是写不出这本书的。我非常感谢给予我信任的比尔·塞普和桑迪·塞普夫妇，他们不仅把女儿托付给了我，而且把自己的故事和盘托出。认识他们的人都知道，能够被当作自己人对待是一份多么荣耀的幸事。同样，卡特琳·塞普和梅林达·塞普从一开始就张开双臂欢迎我进入她们的生活，更不用说穿同款睡衣、自驾游了，最绝的还包括分享半块巧克力生日蛋糕。

我毫不怀疑，家里有一位作家是一件喜忧参半的事情，这一点在悲伤的时候尤其明显，但我的母亲玛戈·舒尔茨和姐姐劳拉·舒尔茨从未动摇过对我和本书的支持。出于显而易见的原因，我在开头部分讲述的故事主要与父亲有关，母亲的功劳仅在于教会了我良好的语法和习惯。在现实生活中，她也通过不懈的言传身教，使我学会了耐心、专注、慷慨、宽容和善良。我那位爱开小差的姐姐，实际上是我所见过的最聪明也是最善良的人之一，在她身上，我不仅看到了父亲最好的一面，也看到了世界最闪光的一面。她让我保持诚实，引我开怀大笑，除了带给我无尽的乐趣，还让我在与她的家人日益亲密的过程中喜笑连连，他们分别是：休·考夫曼、雷切尔·诺维克、MJ.考夫曼、亨利·菲洛夫斯基，以及阿黛尔·考夫曼-舒尔茨。还有通过他们认识的史蒂夫·诺维克、阿维娃·斯塔尔和萨布里纳·布雷默。对我来说，以上所有人都弥足珍贵，他们在我的生活中发挥着至关重要的作用，尽管这一点在字里行间并不明显。

  本书并非一挥而就，其中好写的一部分是：构成"遇见"核心并且延续至"连接"中的爱情故事。我写这些部分时，每天笔耕不辍，晚上睡觉前会把草稿带到床上，把它们大声朗读给我的缪斯凯茜·塞普听。与她分享文稿给我带来极大的安慰与幸福，这正如我和她分享一切带来的慰藉与快乐一样。她令它们，连同其余章节和我的余生都变得无比美好。本书为她而写，并且我深深地希望这只是故事的开始。本书同样也为父亲而写，借用罗伯特·弗罗斯特的话来说，即是"饮其流者怀其源"。